制糖工业污染防治可行技术及生态化发展

刘景洋　孙晓明　董　莉　毕莹莹　编著

U0251786

中国环境出版集团·北京

图书在版编目（CIP）数据

制糖工业污染防治可行技术及生态化发展/刘景洋等编著. —北京：中国环境出版集团，2021.11
ISBN 978-7-5111-4822-3

Ⅰ．①制…　Ⅱ．①刘…　Ⅲ．①制糖工业—污染防治
Ⅳ．①X792

中国版本图书馆 CIP 数据核字（2021）第 242596 号

出 版 人　武德凯
策划编辑　周　煜
责任编辑　王宇洲
责任校对　任　丽
封面设计　岳　帅

出版发行　中国环境出版集团
　　　　　（100062　北京市东城区广渠门内大街 16 号）
　　　　　网　　　址：http://www.cesp.com.cn
　　　　　电子邮箱：bjgl@cesp.com.cn
　　　　　联系电话：010-67112765（编辑管理部）
　　　　　发行热线：010-67125803，010-67113405（传真）
印　　刷　北京中科印刷有限公司
经　　销　各地新华书店
版　　次　2021 年 11 月第 1 版
印　　次　2021 年 11 月第 1 次印刷
开　　本　787×1092　1/16
印　　张　6.75
字　　数　140 千字
定　　价　43.00 元

【版权所有。未经许可，请勿翻印、转载，违者必究。】
如有缺页、破损、倒装等印装质量问题，请寄回本集团更换

中国环境出版集团郑重承诺：
中国环境出版集团合作的印刷单位、材料单位均具有中国环境标志产品认证。

前　言

制糖工业是食品行业的基础工业，在国民经济中占有重要地位。中华人民共和国成立以来，我国制糖工业快速发展，生产能力、生产装备和技术水平显著提升。作为世界产糖大国，我国以甘蔗制糖为主，甘蔗制糖产量占总产糖量90%左右，剩余为甜菜制糖。我国糖业产地相对集中，分布在全国12个省份。甘蔗糖产区主要分布在广西、云南、广东、海南等地，甜菜糖产区主要分布在新疆、黑龙江、内蒙古等地。

耗能高、耗水高及水污染物排放强度大是制糖工业的主要问题。2016年，制糖工业废水排放量占到了农副食品加工业总排放量的20%，COD排放占21%，氨氮排放占9%，是农副食品加工业中水污染问题较为突出的子行业。2015年，国务院发布了《国务院关于印发水污染防治行动计划的通知》（国发〔2015〕17号），将"农副食品加工业"列为专项整治的十大重点行业之一。根据第二次全国污染源普查和核算数据，2017年制糖工业废水排放量达到了1.75亿t，COD和氨氮的排放总量分别为4.46万t和0.18万t，制糖工业面临着迫切的水污染减排需求。此外，制糖生产过程中产生的滤泥、蔗渣、废粕和糖蜜等固体废物，也需要按照《固体废物污染环境防治法》要求采取防治措施。

为总结我国制糖工业污染防治技术成果，指导企业更好地开展污染防控工作，提高企业绿色发展水平，降低污染防控成本，本书在《制糖工业污染防治可行技术指南》（HJ 2303—2018）、"第二次全国污染源普查制糖行业系数手册编制"项目，以及创建广西贵港国家生态工业（制糖）示范园区规划修编的主要研究成果的基础上整理而成。本书首先梳理了国内外制糖工业发展及相关政策标准，然后对甘蔗制糖和甜菜制糖的生产工艺和产物节点进行了分析，提出了制糖工业污染防治的相关可行技术，最后以我国第一个国家生态工业示范园区——广西贵港国家生态工业（制糖）示范园区为例，分析了甘蔗制糖集中区的生态化发展模式和经验，提出了对制糖工业未来发展的展望。本书的主要内容为：第 1 章介绍了国内外制糖工业的发展情况，梳理了国内外制糖工业相关的污染排放、清洁生产及污染防治技术相关政策，由毕莹莹、董莉、颜秉斐和刘景洋执笔；第 2 章分析了甘蔗制糖和甜菜制糖的工艺及污染物产生情况，由许文、孙晓明、毕莹莹、宋晓薇、覃楠钧和陈海军执笔；第 3 章分析了甘蔗和甜菜制糖污染防治可行技术，由董莉、孙晓明、毕莹莹、许文、赵侣璇、刘凯和魏学军执笔；第 4 章主要介绍了生态工业理论以及甘蔗制糖的生态工业模式，由孙晓明、刘景洋和董莉执笔；第 5 章对制糖企业污染发展趋势以及制糖工业集聚区生态化建设进行了展望，由刘景洋和董莉执笔。

本书在撰写过程中得到了中国糖业协会、广西贵糖集团及各项目课题组的大力支持，参考了大量文献资料，在此对有关单位、专家和文献作者表示衷心感谢。由于作者知识及水平有限，又因时间和资源的限制，书中难免存在疏漏与不足之处，恳请广大读者批评指正。

作　者

2021 年 6 月于北京

目 录

第 1 章 制糖工业的概况 1

  1.1 国内外制糖业发展情况 1

  1.2 制糖工业政策法规 8

第 2 章 制糖工艺及污染物 16

  2.1 甘蔗制糖工艺及污染物 16

  2.2 甜菜制糖工艺及污染物 28

第 3 章 制糖工业污染防治可行技术 39

  3.1 污染防治可行技术 39

  3.2 制糖工业污染预防技术 47

  3.3 制糖工业污染治理技术 50

  3.4 制糖工业污染防治可行技术 64

第 4 章 制糖工业生态化建设 82

  4.1 生态工业 82

  4.2 制糖（甘蔗）生态工业模式 85

  4.3 制糖（甘蔗）工业生态化发展实践——以广西贵港国家生态工业（制糖）

     示范园区为例 87

第 5 章 制糖工业未来展望 95

  5.1 制糖企业污染防治发展趋势 95

  5.2 制糖工业集聚区生态化建设展望 97

参考文献 100

第1章　制糖工业的概况

1.1　国内外制糖业发展情况

制糖工业是食品行业的基础工业，又是造纸、化工、发酵、医药、建材、家具等多种产品的原料工业，在国民经济中占有重要地位。1949—2018 年，我国制糖工业取得了长足发展，已形成一定规模的生产能力，具有较高的技术水平。我国是食糖净进口国家，多年来一直维持"国产为主、进口为辅"的供求格局。近年来，我国食糖产量在 800 万～1 500 万 t，其波动幅度主要与国际糖价、国内进口糖管控力度以及农业年景有关。

1.1.1　国外制糖业发展情况

世界食糖产区分布地域很广，主要在亚洲、南美洲、中美洲加勒比海地区、大洋洲和非洲。根据《中国糖业年报（2016/17 年制糖期）》，世界主要产糖国食糖产量统计详见表 1-1。

表 1-1　2013—2017 年世界主要产糖国食糖产量统计

单位：万 t（原糖值）

地区＼制糖期	2013/14 年	2014/15 年	2015/16 年	2016/17 年
世界总产量	18 535.5	18 899.5	17 412.1	17 733.9
甘蔗糖	14 898.9	14 793	13 807.6	13 697.2
甜菜糖	3 636.6	4 106.5	3 604.5	4 036.7
欧洲总量	2 805	3 181.1	2 633.8	3 062.6
欧盟（28 国）[*]	1 764	2 061.9	1 561.9	1 771.9
俄罗斯	477.1	482.4	562.8	661.2
土耳其	259.8	223.4	217.3	244.6
乌克兰	131.5	227.2	159.4	218.3

制糖期 地区	2013/14 年	2014/15 年	2015/16 年	2016/17 年
美洲总量	**7 159.6**	**6 959**	**6 666.9**	**7 247.8**
巴西	4 065.8	3 823.5	3 636.9	4 162.6
美国	752.4	772	801.7	795.9
墨西哥	654.5	650.5	660.6	658
危地马拉	296.4	313.4	303.7	290.5
哥伦比亚	258.8	256	227.3	244.7
古巴	171.5	202.4	177.3	193
智利	28.6	30.2	28.3	30
加拿大	10.3	9.2	9.8	12.4
非洲总量	**1 153.9**	**1 202.4**	**1 133.1**	**1 154.8**
埃及	207.8	252.2	241.3	245
南非	254.7	227.3	176.4	184.7
摩洛哥	52.6	52.6	59.1	65.9
亚洲总量	**6 929.8**	**7 039.4**	**6 418**	**5 738.8**
印度	2 675.7	3 105	2 845.6	2 174
泰国	1 187.8	1 205.7	1 041.9	1 068.8
中国（大陆）	1 447.5	1 147.4	945.9	928.8
巴基斯坦	608.8	550.3	567.7	573.2
菲律宾	267.6	252.6	243.1	260.9
印度尼西亚	278.8	280.4	271.4	239.6
日本	73.8	79.2	87.5	73.1
伊朗	48	62	63.1	65.2
大洋洲总量	**484.2**	**513.6**	**556.3**	**526.3**
澳大利亚	461.3	485.8	528.7	507.1

注：* 统计阶段英国未脱欧。后同。

由图 1-1 可知，在 2016/17 制糖期，食糖产量最大的国家是巴西，年产量为 4 162.6 万 t，其次是印度，年产量为 2 174 万 t。中国的食糖产量在世界（除欧盟）排名第四。

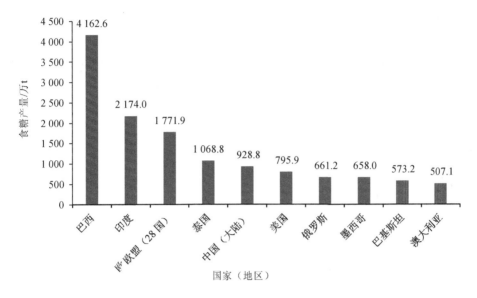

图 1-1　2016/17 制糖期食糖产量前十的国家（地区）

2016/17 年制糖期，世界总产糖量为 17 733.9 万 t，其中甘蔗糖为 13 764.1 万 t，占世界总产糖量的 77.61%；甜菜糖为 4 036.7 万 t，占世界总产糖量的 22.76%。世界食糖产区中，美洲、亚洲和欧洲食糖产量最大，共计 16 049.2 万 t，占世界总产糖量的 90.50%；其中，中国占亚洲总产糖量的比例为 16.18%，占世界总产糖量的 5.24%（图 1-2）。

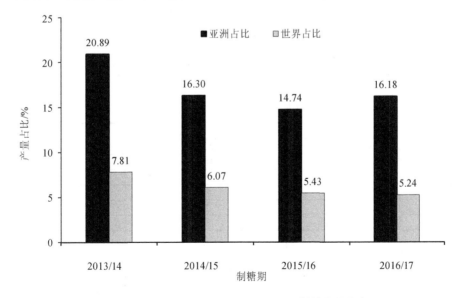

图 1-2　2013—2017 年中国在亚洲和世界制糖产量中占比

数据来源：《中国糖业年报（2016/17 制糖期）》。

2016/17 年制糖期，全球食糖供需形势延续产不足需的格局。但是由于巴西和欧盟等食糖主产国（地区）食糖产量增长，全球食糖需缺口已经从上个制糖期的 893 万 t 收窄至540 万 t。国际食糖市场呈震荡大幅度下跌走势。其中，纽约 11 号原糖期货主力合约于制糖期期初升高至 24 美分/磅左右，在制糖期后期跌破 13 美分/磅[①]。到制糖期末期时，仍在 14 美分/磅左右徘徊。整个制糖期国际原糖价格跌幅超过 45%。

1.1.2 国内制糖业发展情况

1.1.2.1 制糖业总体发展情况

根据《中国糖业年报（2016/17 年制糖期）》，2016/17 年制糖期于 2016 年 9 月 19 日新疆恒丰糖业公司正式开机生产，截至 2017 年 6 月 4 日南华孟定糖厂最后一个停机，历时 259 天，比上一年制糖期少生产 21 天。本制糖期，全国共有开工制糖生产企业（集团）46 家，开工糖厂 222 家，比上制糖期少开工 6 家。本次开工企业中，甜菜糖生产企业（集团）4 家，糖厂 26 家；甘蔗制糖生产企业（集团）42 家，糖厂 196 家。

1.1.2.2 我国糖业区域布局

我国糖业分布在全国 12 个省（区、市）。甘蔗糖产区主要分布在广西、云南、广东、海南等南方地区；甜菜糖产区主要分布在新疆、黑龙江、内蒙古等北方地区。制糖业的产能通常以日加工糖料量来表述。根据《中国糖业年报（2016/17 年制糖期）》的统计，2016/17 榨季广西开榨企业为 92 家，其次为云南和广东。甜菜制糖企业中，新疆的制糖企业为 13 家。全国制糖企业地区分布情况和各地区企业数量占比详见表 1-2 和图 1-3。

表 1-2　全国制糖企业分布及产量百分比分布

地区	制糖企业数量/家	百分比/%
全国合计	**222**	—
甘蔗糖小计	**196**	**88.29**
广西	92	41.44
云南	59	26.58
广东	29	13.06
海南	11	4.95
其他	5	2.25
甜菜糖小计	**26**	**11.71**
新疆	13	5.86
内蒙古	7	3.15
黑龙江	2	0.90
其他	4	1.80

---

① 1 磅=0.454 kg。

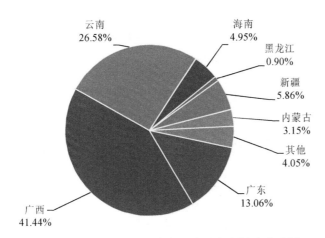

图 1-3　2016/17 年全国各省份制糖企业比例

数据来源:《中国糖业年报(2016/17 制糖期)》。

在全国制糖地区中,广西的企业占全国制糖企业的 41.44%,其次是云南和广东,占比分别为 26.58%和 13.06%,甘蔗制糖企业占据了全国制糖企业的 88%以上。甜菜制糖的企业中,新疆企业占比较多,其次为内蒙古,甜菜制糖企业仅占全国制糖企业的 11%左右。

1.1.2.3　我国糖料种植情况

我国制糖行业的原料有甘蔗和甜菜两种。2016/17 年制糖期间,全国糖料种植面积为 2 090.55 万亩[①],同比减少 1.93%,其中甘蔗种植面积为 1 834.34 万亩,同比减少 5.44%;甜菜种植面积为 256.21 万亩,同比增加 33.62%。全国糖料种植面积见表 1-3 和图 1-4。

表 1-3　2016/17 制糖期全国糖料种植面积

省份	种植面积/万亩	百分比/%
全国合计	2 090.55	100
甘蔗糖小计	**1 834.34**	**87.74**
广西	1 120	53.57
云南	462.39	22.12
广东	180	8.61
海南	45.38	2.17
其他	26.57	1.27
甜菜糖小计	**256.21**	**12.26**
内蒙古	118.5	5.67
新疆	111.21	5.32
黑龙江	9.5	0.45
其他	17	0.81

---

① 1 亩≈666.667 m^2。

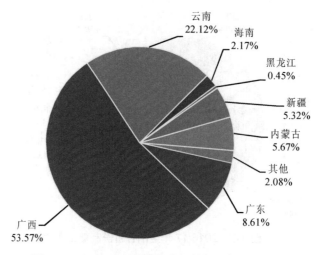

图 1-4   2016/17 制糖期各省份糖料种植比例

数据来源：《中国糖业年报（2016/17 制糖期）》。

在糖料种植方面，广西的糖料种植占全国糖料种植的一半以上，其次为云南和广东。在甜菜种植方面，内蒙古的甜菜种植面积最大，占全国糖料种植面积的 5.67%。

1.1.2.4   我国产糖量变化情况

由图 1-5 可知，从 2007/08 制糖期到 2016/17 制糖期，我国的产糖量在 800 万～1 500 万 t 呈波动变化。从 2007/08 制糖期到 2010/11 制糖期产糖量逐年下降，从 2010/11 制糖期到 2013/14 制糖期产粮量又逐年上升，随后又开始下降。

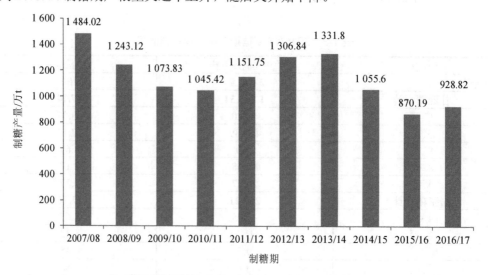

图 1-5   2007/08 制糖期到 2016/17 制糖期我国制糖产量

2016/17 制糖期，全国累计产糖 928.82 万 t，较上一制糖期增加 58.63 万 t，同比增长 6.74%，其中甘蔗糖产量 824.11 万 t，同比增长 4.95%；甜菜糖产量 104.71 万 t，同比增长 23.22%。2016/17 年制糖期食糖产量见表 1-4 和图 1-5。

表 1-4   2016/17 制糖期全国食糖产量

省份	食糖产量/万 t	百分比/%
全国合计	928.82	—
甘蔗糖小计	**824.11**	**88.73**
广西	529.5	57.01
云南	187.79	20.22
广东	77.18	8.31
海南	16.46	1.77
其他	13.18	1.42
甜菜糖小计	**104.71**	**11.27**
新疆	48.74	5.25
内蒙古	46.33	4.99
黑龙江	2.54	0.27
其他	7.1	0.76

2016/17 制糖期，广西的产糖量最大，占全国产糖量的 57.01%，其次为云南，占全国产糖量的 20.22%。在甜菜制糖地区中，新疆的产糖量最大，占全国产糖量的 5.25%。

1.1.2.5   进出口情况

2017 年，我国进口食糖 166.98 万 t，出口食糖 8.8 万 t，进口量同比大幅减少，详见表 1-5 和图 1-6。

表 1-5   2010—2017 年我国食糖进出口量

单位：万 t

年份	进口	出口
2010	176.61	9.43
2011	291.94	5.94
2012	374.72	4.71
2013	454.59	4.78
2014	348.58	4.62
2015	484.59	7.5
2016	306.19	14.91
2017	166.98	8.8

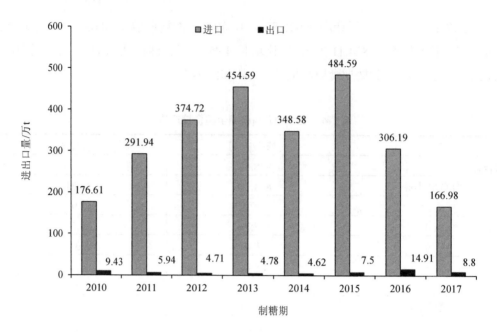

图 1-6 2010—2017 年制糖期中国食糖进出口量

1.2 制糖工业政策法规

1.2.1 国外相关政策及标准

1.2.1.1 美国相关标准

在《清洁水法》（CWA）和《清洁大气法》（CAA）框架下，美国实行分解制管理。制定基于技术的排放标准是美国工业污染控制体系最为突出的特点。以《清洁水法》为例，直接和间接排放的工业废水污染源被划分为七个控制技术等级，在制定相应的排放标准过程中，对各等级技术进行综合评价，从而确定技术上可行、经济上可接受、环境负荷适宜的排放标准。美国的技术评价过程虽然没有对各种类别的环境效应进行量化，但特别重视排放标准的成本-效益分析，对排放标准可能导致的技术改造费用、不达标企业关闭带来的经济和社会影响等方面进行了更为详细的分析。

在污染物排放方面，《美国联邦法规》（CFR）409 部分针对制糖行业生产过程中排放的污染物制定了相应的排放标准。标准分为两部分：一部分为预处理标准，要求污染源在排入公共废水处理系统前必须执行；另一部分是执行标准，该标准是制糖企业污染物直接排入水域所必须执行的标准。该标准规定了通过目前可以应用的最佳现有实用控制

技术（BPT）及通过常规污染源最佳控制技术（BCT）所能达到的执行标准，该标准规定
了污染物综合指标 BOD$_5$、TSS、pH、大肠杆菌以及温度的排放限值。

1.2.1.2　欧盟相关标准

为了预防或减少工业污染排放对环境造成的污染，欧盟于 1996 年采纳了《综合污染
预防与控制指令》（IPPC 指令），经历了前后 4 次修订，2008 年编纂完成完整的 2008/1/EC
指令、IPPC 指令，提供了一种全面控制工业污染排放的管理方法，对工业污染排放设施
开始实施许可证管理，发放许可证必须满足最低排放限值要求，排放限值应基于最佳污
染防治可行技术（BAT）确定，并在工艺设计和排放控制方面推广使用 BAT。

2010 年欧盟将 IPPC 指令与现有 7 个工业排放指令整合为 2010/75/EU 指令，并要求
于 2013 年 1 月 7 日前逐步进入欧盟各国立法体系，2014 年 1 月 7 日起，工业排放指令（IED
指令）替代 IPPC 指令和各工业指令。欧盟 IED 指令实质上是 IPPC 指令的延续和升级，
特别是强化了 BAT 在环境管理和许可证管理中的作用和地位，指定工业设施必须获得许
可证才能运行（对于一些特殊的设备和工业活动需要取得许可证或者进行登记）。BAT 是
制定许可证条件和排放水平的基础，通过 BAT 中的结论，给出工业设备在正常运行条件
下使用 BAT 或者 BAT 组合技术能够达到的排放水平。基于 BAT 的排放水平将作为制定
许可证的参考条件。

欧盟 BAT 实施过程是将 BAT 嵌入排污许可证制度中，在工业设计和排放控制中推广
使用，通过建立信息交流机制为 BAT 筛选提供全面技术信息，在技术筛选中，专家评判
起着重要作用，并鼓励新技术发展。我国 BAT 体系建设可以借鉴欧盟经验，将 BAT 嵌入
国家和地方政策和法律法规中，通过建立基于行业和环境问题的技术信息交流平台，为
BAT 筛选提供全面技术信息；通过建立技术工作组和专家组，保证 BAT 开发的全面性、
连续性和高效性；通过建立环境技术验证评估机制，促进创新技术发展，从而逐步发挥
BAT 指导文件在环境技术管理中的指导作用。

欧盟 BAT 文件在实施的过程中，要定期进行评审，根据所依据法令和法规的变化随
时保持更新，以保证与科学技术的同步发展，并根据 BAT 执行经验的反馈，对 BAT 限值
进行修正。环保部门鼓励发展和引入能满足 BAT 要求的新技术和改进的技术，从而有利
于整个环境质量的持续提高。因此，企业经营者可保证与生产活动相关的可行技术的随
时更新。

2006 年 8 月，欧盟颁布了《食品、饮料和牛奶工业的综合污染防治最佳可行技术》
（FDM），其中对制糖行业的综合污染防治最佳可行技术进行了说明。欧洲处于北半球偏
寒地区，以甜菜制糖为主。欧洲甜菜制糖的工艺与我国甜菜制糖工艺类似。将甜菜切丝
后送入逆流扩散装置，糖分等可溶性物质溶解到水中。在渗出的糖汁中采用碳酸法进行

清净处理，在真空锅中煮沸后进行结晶，形成糖晶体。

在甜菜制糖过程中，需水量为甜菜量的 5～8 倍，采用机械澄清水重复利用方法，甜菜清洗过程中消耗的新鲜水量可降低到甜菜量的 25%～30%。甜菜清洗和糖分提取中排放的废水较多（特别是清洗阶段），由于甜菜根部的土壤以及糖分损失在清洗水中，使其 COD_{Cr} 的含量在 5 000～20 000 mg/L。蒸发和结晶中的工艺废水主要为多余的冷凝水，COD_{Cr} 含量相对较低。

欧盟制糖废水处理的典型工艺为沉淀池—厌氧—好氧—深度处理工艺，与国内甜菜企业处理废水的工艺相似。北欧国家处理工艺各工段水质数据见表 1-6。

表 1-6　北欧国家制糖企业废水处理效果　　　　　　　　单位：mg/L

处理效果	BOD_5	TN	TP
处理前	3 300	120	10
厌氧处理后	100	80	8
厌氧处理和好氧处理后	2	10	0.4

根据欧盟颁布的《食品、饮料和牛奶工业的综合污染防治最佳可行技术》，以丹麦一家糖厂为案例进行解析。丹麦甜菜处理过程各指标参数见表 1-7。

表 1-7　丹麦甜菜处理过程各指标参数

指标	单位	总平均量（范围）	未处理平均量（范围）	经过厌氧—好氧处理量
废水产生量	m^3/t 甜菜处理量	0.79（0.53～1.10）	—	
废水产生量	m^3/t 制糖量	5.13（3.73～6.98）	5.59（3.76～6.98）	0.01
悬浮颗粒物	kg/t 制糖量	1.25（0.76～1.62）	1.16（0.76～1.42）	—
BOD_5	kg/t 制糖量	10.3（0.01～24.4）	14.6（10.7～54.4）	0.01
TN	kg/t 制糖量	0.27（0.01～0.56）	0.33（0.19～0.16）	0.03
TP	kg/t 制糖量	31.3（0.81～83.2）	40.4（27.5～83.2）	1.22

从表 1-7 可以看出，丹麦处理每吨甜菜产生的废水量较小。其采用的可行技术方法主要有：① 采用专用机械清除甜菜表面的土，减少甜菜沾带土壤和表皮破损，减轻运输

重量以及清洗水的使用量，同时减少糖分渗出流失；②通过废水处理技术实现甜菜清洗水重复使用近 20 次，减少新鲜补给水；③用蒸发器冷凝水提取甜菜糖分（国内已采用）。

1.2.1.3 其他国家及世界银行相关标准

巴西、泰国、印度都是产糖大国，在世界制糖国家中排名前三。其中巴西是第一产糖大国，甘蔗种植以机械化种植为主，印度、泰国和中国都以人工种植为主。巴西和泰国首先采用石灰法生产原糖，再生产少量的白砂糖；印度与我国则采用亚硫酸法生产白砂糖。在生产设备方面，巴西和泰国明显优于我国与印度，如采用连续结晶煮糖设备、高效离子交换塔等设备。巴西糖厂废水通过管道输送回用灌溉蔗田，减少污水处理费用，滤泥、烟灰、废液全部用作肥料，尾气收集再利用。

除美国和欧盟外，其他国家及世界银行制糖业执行的排放标准见表 1-8。印度、泰国等制糖大国均是以甘蔗制糖为主，对比我国甘蔗制糖废水排放标准可知：我国制糖废水指标较全，但缺少温度指标，有单位产品基准排水量指标。从指标定值来讲，马来西亚的排放指标最为严格，我国的排放标准在甘蔗大国中处在中上水平，部分指标（如 BOD_5 和 COD_{Cr}）严于大多数国家。

表 1-8　其他国家及世界银行制糖业执行排放标准

国家或地区	BOD_5/（mg/L）	COD_{Cr}/（mg/L）	悬浮物/（mg/L）	总磷/（mg/L）	pH	温度/℃
印度	30	—	100	—	5.5～9.0	—
泰国	20	120	30	—	5.5～9.0	<40
马来西亚	20	50	50	—	5.5～9.0	—
阿根廷	50	—	—	—	5.5～10.0	—
世界银行	50	250	50	—	6.0～9.0	温升≤3
中国	20	100	70	0.5	6～9	—

1.2.2 国内相关政策及标准

1.2.2.1 污染物排放相关标准及政策

1. 废水排放相关标准

我国制糖工业废水排放执行 2008 年发布的《制糖工业水污染物排放标准》（GB 21909—2008），该标准分别对制糖废水的排放限值做出了要求。2017 年 11 月 24 日，环境保护部对该标准进行了修改。修改内容如下：①将《新建企业水污染物排放限值》表中的单位产品基准排水量修改为：10 m³/t 糖（甘蔗制糖）、24 m³/t 糖（甜菜制糖）。② 将《水污染物特别排放限值》表中的单位产品基准排水量修改为：5 m³/t 糖（甘蔗制糖）、15 m³/t 糖（甜菜制糖）。

《制糖工业水污染物排放标准》规定的制糖废水排放限值及修改后制糖工业单位产品（糖）基准排水量如表 1-9 所示。

表 1-9　制糖工业水污染物排放标准

序号	污染物项目	排放限值（甘蔗）		排放限值（甜菜）	
		现有企业	新建企业	现有企业	新建企业
1	pH（无量纲）	6~9	6~9	6~9	6~9
2	悬浮物/（mg/L）	100	70	120	70
3	BOD_5/（mg/L）	40	20	50	20
4	COD_{Cr}/（mg/L）	120	100	150	100
5	氨氮/（mg/L）	15	10	15	10
6	总氮/（mg/L）	20	15	20	15
7	总磷/（mg/L）	1	0.5	1	0.5
8	单位产品（糖）基准排水量/（m³/t 糖）	68	10	32	24

此外，广西制糖企业生产技术和污染防治水平较高，发布了严于国家标准的地方标准《甘蔗制糖工业水污染物排放标准》（DB 45/893—2013），广西制糖企业执行该标准如表 1-10 所示。

表 1-10　广西甘蔗制糖工业水污染物排放标准

序号	污染物项目	排放限值		污染物排放监控位置
		现有企业	新建企业	
1	pH（无量纲）	6~9	6~9	
2	悬浮物/（mg/L）	40	25	
3	BOD_5/（mg/L）	20	18	
4	化学需氧量（COD_{Cr}）/（mg/L）	80	60	企业废水总排放口
5	氨氮/（mg/L）	8	6	
6	总氮/（mg/L）	12	9	
7	总磷/（mg/L）	0.5	0.5	
8	单位产品（糖）基准排水量/（m³/t 糖）	12	10	排水量计量与污染物排放监控位置一致

《制糖废水治理工程技术规范》（HJ 2018—2012）对甘蔗制糖和甜菜制糖的污水治理工艺作出了一般规定。甘蔗制糖废水处理工艺流程为：过滤 + 水解酸化 + 好氧处理 + 深度处理；甜菜制糖废水处理工艺：过滤 + 厌氧处理 + 好氧处理 + 深度处理。

2. 废气排放相关标准

根据地区管理以及锅炉规模的不同，制糖企业的锅炉主要执行《火电厂大气污染物排放标准》（GB 13223—2011）、《锅炉大气污染物排放标准》（GB 13271—2014）。2016年4月25日广西壮族自治区环境保护厅下发的《环境保护厅关于明确甘蔗制糖企业锅炉大气污染物排放执行标准的通知》（桂环函〔2016〕609号），对甘蔗制糖企业锅炉大气污染物排放执行标准做了明确规定：① 燃烧原煤或燃烧蔗渣煤粉混合燃料的锅炉，大于65蒸吨/小时的锅炉执行《火电厂大气污染物排放标准》（GB 13223—2011）；65 蒸吨/小时及以下的锅炉执行《锅炉大气污染物排放标准》（GB 13271—2014）；② 燃烧蔗渣的锅炉执行《锅炉大气污染物排放标准》（GB 13271—2014）。

制糖企业大气排放标准见表1-11。

表 1-11 制糖企业执行大气排放标准　　　　　　　　单位：mg/m^3

指标	火电厂大气污染物排放标准	锅炉大气污染物排放标准
SO_2	200～400	200～550
NO_x	100～200	300～400
烟尘	30～50	30～80

2017 年，环境保护部发布了《排污许可证申请与核发技术规范 农副食品加工工业—制糖工业》（HJ 860.1—2017），规定了制糖工业排污许可申请与核发的基本情况填报要求、许可排放限值确定、实际排放量核算和合规判定的方法，以及自行监测、环境管理台账与排污许可证执行报告等环境管理要求，提出了制糖工业污染防治可行技术的相关要求。

1.2.2.2 清洁生产相关政策

多年来，国家和地方环境行政管理部门相继组织制定了一系列制糖工业清洁生产指导文件。《清洁生产标准 甘蔗制糖业》（HJ/T 186—2006）中要求采用糖浆上浮工艺改进亚硫酸法工艺，以降低产品中二氧化硫含量和色值，采用混合汁低温磷浮工艺改进碳酸法澄清工艺，以改善滤泥成分。轻工行业标准《制糖行业清洁生产水平评价标准》（QB/T 4570—2013）中要求生产工艺中的滤泥、蔗渣、糖蜜不能直接向环境排放，由本企业或其他方作为生产的原辅料全部利用；澄清工段洗滤布水、凝结水和冷凝器水均要求全部回收利用。

2010 年，广西科技厅启动了重大科技专项"糖业节能减排降耗增效重大共性技术应用示范"，在全区选取 10 家制糖企业做试点，推广应用 7 项技术成果。这 7 项技术成果分别是：糖厂零取水达标排放技术，喷射式自控燃硫炉技术，中和汁单层快速沉降器技术，喷射雾化式真空冷凝器技术，滤汁糖浆上浮技术，糖厂澄清、蒸发工段自动控制系统，XG 型系列全自动刮刀卸料上悬式离心机。

《制糖行业清洁生产技术推行方案》（2011 年）推广应用 3 项技术，分别是：低糖低硫制糖新工艺、全自动连续煮糖技术和糖厂废水循环利用与深化处理技术。《轻工行业节能减排先进适用技术目录（第一批）》提出了适用于制糖工业的生产过程节能减排技术、资源能源回收利用技术和污染治理技术，具体包括低碳低硫制糖新工艺、全自动连续煮糖技术、制糖过程集成控制系统、糖厂废水深度处理及循环利用技术等。

广西地方标准《甘蔗制糖行业清洁生产评价指标体系》（DB 45/T 1188—2015）中要求采用先进的甘蔗破碎设备，提高甘蔗破碎度，降低能耗；采用高效清净技术，降低清汁色值，减少糖分损失；采用高效冷凝装置，降低耗水量；采用高效冷凝水、冷却水循环装置，提高水的重复利用率等技术方案。云南省地方标准《清洁生产标准　甘蔗制糖业（含糖蜜酒精）》（DB53/T 234—2007）中提出了滤泥和蔗渣作为其他原辅材料全部利用，必须 100%利用或妥善处置；云南省地方标准《云南省甘蔗制糖（含糖蜜酒精）行业清洁生产评价指标体系（试行）》中对过程控制、资源综合利用和污染物等指标做了定量要求。

《轻工业发展规划（2016—2020 年）》中节能减排技术推广工程包括：糖厂全自动连续煮糖技术，高效菌种应用技术，废母液循环利用，机械式蒸汽再压缩技术，气浮、膜法、酶法等无硫绿色制糖技术。

《广西壮族自治区人民政府办公厅关于印发广西糖业发展"十三五"规划的通知》（桂政办发〔2016〕171 号）提出糖业技术进步和技术改造投资方向包括：低碳低硫制糖新工艺、全自动连续煮糖技术、制糖工业用复合酶澄清剂的开发和应用、糖蜜发酵废液的高效综合处理技术、糖厂热能集中优化及控制系统、制糖生产过程两化融合、"二步法"生产工艺技术、糖厂生产全过程 DCS 控制技术。

1.2.2.3　污染防治技术相关政策

2016 年，环境保护部发布了《关于发布〈制糖工业污染防治技术政策〉的公告》（公告 2016 年第 87 号），分别提出了源头及生产过程污染防控、污染治理及综合利用以及鼓励研发的新技术等。其中，源头及生产污染防控技术包括设置糖料甘蔗进厂除杂设备，采用低碳低硫工艺、糖浆上浮技术等先进工艺技术改造传统的亚硫酸法工艺，选择无滤布真空吸滤机、全自动隔膜压滤机等高效、节能、节水设备，蒸发、煮糖工段选择高效捕汁器、板式换热器、喷雾真空冷凝器、变频离心机、蒸汽机械压缩机等高效、节能、节水设备，煮糖工段采用全自动连续煮糖技术，提汁、澄清、蒸发、锅炉工段应安装自动控制系统等。污染治理及综合利用技术包括雨污分流，清污分流，分质处理，循环利用；加热器、蒸发罐、煮糖罐的清洗用水应回收利用；分别建立甜菜流送洗涤水循环系统、冷凝器冷凝水闭合循环系统、汽轮机冷却水循环系统、锅炉冲灰水循环系统及其他废水循环系统，提高废水循环利用率；综合废水应采用好氧或厌氧—好氧生化处理为主、物化处理为辅的工艺技术路线。鼓励研发的污染防治技术包括制糖澄清工段采用的膜技术或复合酶澄清技术、蒸发工段末效二次蒸汽的回收利用技术、碳酸法滤泥综合利用新技术、蔗渣高附加值综合利用新技术、循环水水力驱动免电冷却塔技术、制糖生产全过程自动化控制技术。

2018 年，生态环境部发布《污染防治可行技术指南编制导则》（HJ 2300—2018），规定了污染防治可行技术指南的编制原则、结构内容、编制方法、体例格式等内容。为了配合制糖工业排污许可的申请与核发工作，生态环境部发布了《制糖工业污染防治可行技术指南》（HJ 2303—2018），提出了制糖工业企业废水、废气、固体废物和噪声污染防治可行技术，为建设项目环境影响评价、国家污染物排放标准修订等相关工作提供参考。

第 2 章　制糖工艺及污染物

2.1　甘蔗制糖工艺及污染物

2.1.1　甘蔗制糖工艺及产污节点

2.1.1.1　甘蔗制糖工艺

甘蔗制糖是指以甘蔗为原料制作成品糖（如砂糖、粗糖等），以及以原糖或砂糖为原料加工成各种精制糖的生产活动。甘蔗制糖工艺基本的生产过程可以分为提汁、清净、蒸发、煮糖结晶、分蜜和干燥等工序，最终经筛分、包装成品后入库。

1．原料来源

当甘蔗成熟后即可砍收，去除夹杂物后作为制糖的原料送到糖厂加工。

2．预处理

甘蔗提汁前必须先进行破碎预处理，将条状甘蔗破碎为片状、丝状的蔗料，使甘蔗的纤维组织撕解，糖分细胞充分破裂。

3．提汁

提汁的方法有压榨法与渗出法。压榨法是用压榨机组提取蔗汁的方法；渗出法是用渗出设备，将蔗丝经渗出处理提取蔗糖的方法。

4．清净

提汁工序提取的蔗汁进入清净工序进行提净处理，并通过固液分离方法，尽可能除去蔗汁中的各种非糖物质，获得清净汁。甘蔗制糖生产工艺主要根据清净方法命名：利用石灰清净为石灰法；利用石灰和二氧化硫清净为亚硫酸法；利用石灰和二氧化碳清净为碳酸法。我国甘蔗制糖企业主要采用亚硫酸法，少部分采用碳酸法和石灰法生产工艺。

5．蒸发

清净汁进入蒸发工序后，为了降低加热蒸汽的消耗量，采用多效蒸发浓缩糖汁，从末效蒸发罐出来的粗糖浆，再经过二次硫熏，达到漂白和进一步清净的目的。

6．煮糖结晶

糖浆进入煮糖结晶工序进一步浓缩煮至有蔗糖晶体析出，形成糖膏。糖膏自煮糖罐卸入助晶箱，经逐渐降温，晶体继续长大，使蔗糖析出更加完全。将助晶后的糖膏送入分蜜工序，使晶粒与母液分离。

7．分蜜

分蜜后产生的糖蜜可作为下一级糖膏的原料，继续煮炼到最末一级称为最终糖蜜（简称糖蜜）。

8．干燥

白砂糖则进入干燥工序，用热空气或其他方法除去水分至符合含水量的要求。

9．筛分、包装成品

干燥后的砂糖按规格大小进行筛分，筛分后的合格砂糖包装成品。

甘蔗制糖企业工艺过程及污染物产生节点见图 2-1、图 2-2。

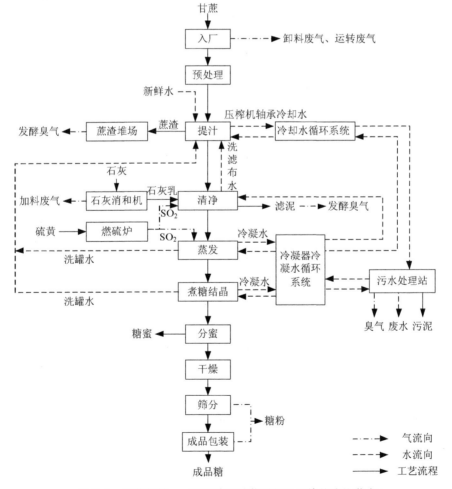

图 2-1　甘蔗制糖——亚硫酸法工艺过程及污染物产生节点

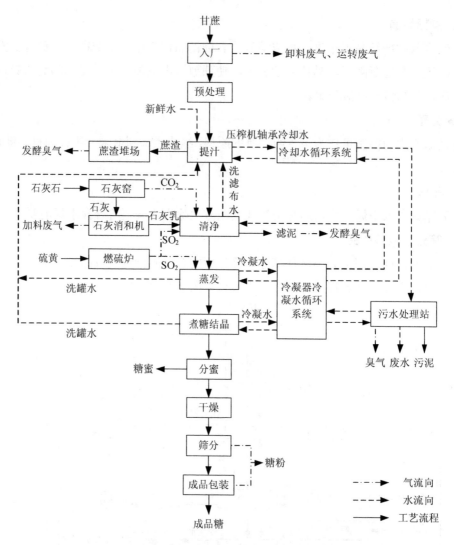

图 2-2 甘蔗制糖——碳酸法工艺过程及污染物产生节点

2.1.1.2 产污节点

甘蔗制糖生产单元分为原料工序、提汁工序、清净工序、蒸发工序、煮糖结晶工序、包装系统、公用单元 7 个部分。按照生产流程，各生产单元污染产生情况如下：

1. 原料工序

甘蔗运进厂内，经地磅房衡重后，用起重机或液压翻板卸至称蔗台，而后经喂蔗台送入输蔗机。这部分基本无废水产生，但会产生装卸料废气。

2. 提汁工序

甘蔗经过切蔗机破碎后，进入压榨机，进而排出蔗汁。该过程会产生压榨设备轴承冷却水；破碎过程中会产生一定量的蔗渣以及破碎废气。

3. 清净工序

蔗汁经过加热，进入中和器，吸入 SO_2 和石灰乳进行中和，随后进入连续沉淀器分离成清汁和泥汁，泥汁经过滤，得到滤清汁和滤泥。如采用有滤布的吸滤机，会产生洗滤布水；真空吸滤机水和喷射泵废水。此外，还有部分糖厂采用离子树脂交换法进行蔗汁清净，离子树脂反冲洗也会产生清洗废水。

辅料石灰卸灰时会产生废气，石灰消和机、石灰窑加料时也会产生一定量的废气。该工序的硫熏燃硫炉在工况改变的时候可能会产生少量 SO_2 废气。此外，连续沉淀器产生的泥汁经过滤，产生滤泥，滤泥发酵后会产生臭气。

蔗汁经过压滤机或真空吸滤机过滤出清汁后产生滤泥。

4. 蒸发工序

清汁加热后进入蒸发系统，蒸发浓缩为粗糖浆，经硫漂后进入结晶系统。该工序无废气产生，但会产生蒸发罐冷凝水、汽凝水。

5. 煮糖结晶工序

通过煮糖、助晶、结晶程序生成糖膏。其中，助晶罐和结晶罐运行过程中会产生冷凝水；结晶罐在分类筛分过程中会产生少量糖粉；结晶罐在最终分类筛分过程中产生最终糖蜜。

6. 包装系统

经分离、干燥后的产品糖达到包装温度，由皮带提升入震动筛选机中除去糖块和糖粉后装包。这部分基本无废水产生，但会产生振动筛分机废气、输送机废气、包装机废气。

7. 公用单元

包括供热锅炉、发电系统、软化水制备系统、冷却水循环水系统等。其中锅炉或者发电机等设备需耗用一定量的水进行冷却，产生设备冷却水。锅炉冲灰需耗用一定量水，产生锅炉湿法排灰废水、烟囱湿式除尘废水和瓦斯洗涤水。

锅炉会产生燃烧废气。综合污水处理站的水解酸化池、厌氧池、污泥间和氧化塘会散发臭气。废水处理过程中会产生污泥。

甘蔗制糖主要生产单元的主要工艺、生产设施及污染监测控制项目如表 2-1 所示。

表 2-1　甘蔗糖厂排污主要生产单元、主要工艺、生产设施及污染监测控制项目

主要生产单元	主要工艺	生产设施	污染监测控制项目
原料工序	起重机卸蔗场、液压翻板卸蔗场	地磅房、原料场、堆垛机、起重机、称料台、液压翻板卸蔗系统、喂料台、输运设备及其他	废气：颗粒物（无组织）

主要生产单元	主要工艺	生产设施	污染监测控制项目
提汁工序	甘蔗压榨提汁	输蔗设备、撕解机或切蔗机、压榨机、传动装置及其他	废气：颗粒物（无组织） 废水：悬浮物、COD_{Cr}、BOD_5、氨氮、总氮 固体废物：蔗渣
清净工序	亚硫酸法：中和过滤	燃硫炉、引风机、石灰消和机、加灰设备、磷酸箱、硫熏中和器、沉降器、真空吸滤机、自动板框过滤机、真空抽气机及其他	废气：颗粒物（无组织） 废水：悬浮物、COD_{Cr}、BOD_5、氨氮、总氮、总磷 固体废物：滤泥
	碳酸法：饱充过滤	石灰窑、饱充罐、燃硫炉、管道中和器、沉降器、真空吸滤机、自动板框过滤机、真空抽气机及其他	废气：颗粒物（无组织） 废水：悬浮物、COD_{Cr}、BOD_5、氨氮、总氮、总磷 固体废物：滤泥
蒸发工序	加热蒸发	加热器、蒸发罐、高压清洗机、冷凝抽气机及其他	废水：悬浮物、COD_{Cr}、BOD_5、氨氮、总氮
煮糖结晶工序	煮糖助晶	原料箱、结晶罐、助晶机、种子箱、冷凝抽气机、喷射冷凝器及其他	废水：悬浮物、COD_{Cr}、BOD_5、氨氮、总氮 固体废物：糖蜜
	分蜜	离心分蜜机、干燥器、鼓风机、筛分机、再溶槽、糖糊搅拌机及其他	废气：颗粒物（无组织）
包装系统	自动包装、手工包装	振动筛分机、输送机、包装机、气送器及其他	废气：颗粒物（无组织）
公用单元	供热、软化水制备、污水处理站以及其他辅助系统	汽轮发电机组、冷却循环水系统、软化水制备设备、空气压缩机、机修车间、化验室、材料库及其他	废水：pH、悬浮物、COD_{Cr}、BOD_5、氨氮、总氮、总磷 固体废物：污泥

2.1.2 甘蔗制糖技术

2.1.2.1 提汁技术

1. 甘蔗进厂除杂技术

主要由液压翻板机、甘蔗链板式输送机、抛散机、刮板式输送机、落料筛、集料斗及皮带输送机组成。其工作原理是甘蔗运输车进入糖厂后，通过液压翻板机将甘蔗全部倾卸至甘蔗链板式输送机上，以一定角度倾斜向上输送至抛散机，甘蔗在抛散机上被抛落打散，同时打掉附在其上的夹杂物。打散后的甘蔗落至刮板式输送机，采用刮板机的形式输送甘蔗至落料筛，并过滤掉较小的夹杂物。甘蔗依靠重力作用掉落至落料筛，进一步将夹杂物和甘蔗分离过滤，夹杂物掉落至集料斗中通过皮带输送机输送至处置点，甘蔗则进入输蔗机。原料甘蔗在经过刮板式输送机和滚动筛的过程中，泥土、砂石、杂草等夹杂物基本被过滤掉，使进入输蔗机的原料甘蔗符合糖厂的生产工艺要求。

甘蔗进厂除杂技术能有效地去除甘蔗的泥土和夹杂物，起到提高甘蔗制糖的产品质量，延长制糖设备寿命，降低能源消耗，提高锅炉的燃烧效率及安全性，降低滤泥、蔗渣和糖蜜中糖分损失的作用。与传统被动式除杂技术相比，该技术具有结构简单、能耗低、效率高、无二次污染的特点。

2. 压榨自动控制系统

压榨自动控制系统由输送带控制、榨机转速控制、蔗渣带自动计量、渗透水混合汁流量控制、榨面操作台、压榨自控系统中心站、网络通信等系统组成，集计量、控制、管理为一体，采用核子秤自动计量甘蔗量，采用计算机自动控制压榨机转速、输送带运行速度、料位形状、轴承温度、渗透水流量、混合汁流量等参数，将现代自动控制理论和计算机控制技术相结合，通过系统建模和模糊控制技术等先进控制算法实现甘蔗自动均匀进入压榨机。

自动调节后，压榨机的转速能保证固定的料位高度和通过压榨机的甘蔗层厚度，使渗透过程变得更加均匀，负荷变得平稳，有效提高了抽出率，减少了甘蔗渣的水分含量。而在调节渗透水的比例以及水温和混合汁液位流量等参数后，各压榨机甘蔗层均匀渗透水能稳定混合汁锤度和泵送量，在维持压榨机负荷稳定的前提下，不但节约了能源，而且提高了榨蔗量。

3. 冷却水循环系统

压榨机轴头冷却水只经过机械轴瓦箱进行热交换和带走热量，水体中含有一定量的油污。因此，压榨机轴头冷却水经分流收集后，进入隔油系统进行除渣、除油，然后经过冷却系统冷却后循环利用。

汽轮机冷却水只在换热器列管外进行热交换和带走热量，水体没受到污染物的污染，出水温度在40℃以下，且汽轮机冷却水对水质要求不高。因此，对于汽轮机冷却水，经分流收集后，只要将出水温度降低后就可以循环使用。在整个冷却过程中蒸发损失的水分用中水补充，减少新鲜水用水量，节约电量，降低成本。

2.1.2.2 清净技术

清净技术包括亚硫酸法、碳酸法、电清净法和离子交换法等。我国清净技术主要选用亚硫酸法（亚法）和碳酸法（碳法）。

1. 低碳低硫工艺

该技术适用于亚硫酸法甘蔗制糖企业，主要是将糖厂锅炉排放烟道气中的二氧化碳或糖蜜酒精生产过程中产生的二氧化碳净化提纯后，替代传统亚硫酸法中的部分二氧化硫，对蔗汁或糖浆进行澄清。

该工艺主要解决了亚硫酸法糖厂白糖品质不高、不稳定的问题，而且成品糖二氧化硫含量由 20 mg/kg 左右降至 10 mg/kg 以下，同时硫黄用量小于 60 kg/t 糖（降低 30%以上），二氧化硫减排大于 14 kg/t 糖。此外，由于低碳低硫制糖新工艺生成碳酸钙沉淀的溶解度不到传统亚硫酸法制糖工艺亚硫酸钙的 1%，可大幅度减少加热、蒸发等工序的积垢，降低能源消耗。

2. 糖浆上浮技术

该技术通过加入到磷酸与糖浆中的可溶性钙盐生成的磷酸钙的吸附作用、微小气泡的浮生作用，以及絮凝剂的二次絮凝、网络作用，去除粗糖浆中可溶性亚硫酸盐、色素、胶体等杂质，从而达到脱色、提纯和分离的目的。将粗糖浆加热至一定温度后进入反应箱，添加一定比例的磷酸，通过一、二级反应器后得以充分搅拌混合，此时磷酸与糖浆中可溶性钙盐生成的磷酸钙吸附糖浆中的色素胶体以及非糖成分，而后进入打泡箱，充气后的糖浆进入上浮器并添加絮凝剂，通过絮凝剂的网络作用将磷酸钙吸附后形成的杂质絮凝物和气泡网络在一起，在气泡上浮动力的作用下往上浮升到顶部，被旋转的刮板刮出，再经真空吸滤机将糖汁和滤泥分离，清净的糖浆则从上浮器底部通道溢流至煮糖工序。

通过糖浆上浮处理后的糖浆不再进行二次硫熏，可减少硫黄的用量。处理后的精糖浆纯度平均可升高 0.26 GP，产糖率可提高 0.02%。由于上浮工艺除去了大部分的杂质和胶体，使得蔗糖在煮制过程中更容易吸收，相应地提高了煮炼回收率，废蜜重力纯度和产量也有所降低。

3. 无滤布真空吸滤机

采用吸滤的方法，由覆盖在转鼓面上并带有微孔的不锈钢滤网，以及掺入泥质中的蔗糠组成过滤介质，在真空的作用下，截留悬浮液中的固体颗粒，实现固液分离。当转鼓旋转时，鼓面不同部分连续受真空抽吸，在过滤表面形成一薄层滤饼。生成的滤饼通过喷雾状的水洗涤，并抽吸干燥后，在一定位置被刮刀刮下。

无滤布真空吸滤机保留了吸滤设备结构简单、连续过滤、操作方便的优点，同时又解决了生产与环保的矛盾，降低了滤泥的转光度。由于不使用滤布，无洗滤布水产生，能够实现洗布污水的零排放，减少排污。

4. 全自动隔膜压滤机

在滤板与滤布之间加装一层带挤压隔膜的聚丙烯滤板的压滤机，使用过程中，当入料结束，可将高压流体或气体介质注入隔膜板中，这时整张隔膜就会鼓起压迫滤饼，进而实现滤饼的进一步脱水。该设备利用 PLC 与变频技术，实现对整个压滤机与工艺过程的全自动控制。该设备采用压滤方式，利用先进的控制技术与隔膜压榨手段，提高整机的生产效率，缩短了过滤时间，提高滤饼含固率。通过对滤饼的压榨优化了洗水方案，降低了滤饼含糖量与含水量。

采用全自动隔膜压滤机，因滤布干净可延长洗滤布周期，滤布使用寿命从 35～40 d 延长到 65～70 d，每台设备每年节约 2 套滤布，以 5 台板框机计，每年可节约滤布费用 6 万～7 万元。由于洗滤布周期延长，滤布洗水明显减少。每台隔膜压滤机日洗布用水量约 40 L。

5. 清净、蒸发自动控制系统

该系统包含有八个子系统：蒸发罐液位自动控制系统、混合汁加热控制系统、清汁加热控制系统、末效糖浆锤度自动控制系统、废气减温减压自动控制系统、蒸汽减温减压自动控制系统、清汁箱液位自动控制系统和生产调度管理子系统。通过控制计算机、控制器等构成的集散式控制系统，对糖厂清净、蒸发工段各工艺参数的数据进行实时采集，对各工艺控制点进行自动控制；通过现场总线将所有测量、控制参数发送到生产调度系统服务器；经网络传输的方式，使生产调度部门和各级领导通过其个人计算机可随时查看生产情况。

该系统提高了糖厂制糖生产过程自动化控制水平及管理水平、管理效率，保证了澄清、蒸发工段的生产工作安全、均衡和稳定，为煮糖工序获得稳定锤度、温度、流量的粗糖浆提供保证，为锅炉提供了合格的高温蒸发汽凝水，降低锅炉燃料消耗，抑制了蒸发"跑糖"现象，有效地降低了蒸发排水的 COD 值，使糖厂达到降低生产成本、提高产品质量、提高经济效益、节约能源、减少废物排放的目的。

2.1.2.3　蒸发技术

1. 波纹板式高效捕汁器

利用多挡板的阻挡、惯性以及波纹通道中的表面接触作用，采用组合式原理，通过三次分离实现含雾沫汁汽净化。带液汁汽从蒸发器汽室上升，遇下挡板实现一次气液分离，改变流动方向，收拢进入由侧挡板围成的捕汁腔室内，通过捕汁板体中的波纹挡板，在挡板中多次改变方向，实现二次气液分离。分离出来的液体回流蒸发器汽室，气体则继续上升，并于上挡板处实现三次气液分离，干净汁汽绕过上挡板从蒸发器上出口离开。

该设备可以有效减少"跑糖"现象的发生，有效降低制炼冷凝水有机物的含量，可削减冷凝废水 COD 量 30%以上，同时也起到了很好的节能作用。

2. 蒸汽机械压缩机

利用蒸发系统自身产生的二次蒸汽及其能量，将低品位的蒸汽经压缩机的机械做功提升为高品位蒸汽热源，如此循环向蒸发系统提供热能，从而减少外界能源需求。利用电能将二次蒸汽压缩，提高其压力和温度，实现再利用，正常运转后不需外加新蒸汽，二次蒸汽很少或无需冷却水冷凝，减少了循环冷却水的污染。

3．高效喷射雾化式冷凝器

在糖厂的工艺生产过程中，传统的冷凝系统用水量较大，在用较多冷水量将蒸发罐和煮糖罐的低温汁汽冷凝的同时，往往需要配套真空泵才能获得所需的真空度，以确保制糖生产的正常运行。高效喷射雾化式冷凝器设计有喷雾喷嘴和喷射喷嘴，喷雾喷嘴通过喷出具有很大表面积的雾化水滴充分与汁汽混合进行热交换，气液混合均匀，使可凝性气体迅速凝结成水而形成真空。剩下的不冷凝气体通过喷射喷嘴射出的射流水抽吸而排出尾管，从而达到稳定高真空的目的。由于残留的不凝缩气体较少，需要对其所做的压缩功较小，所以水压和水温对真空的影响较小。高效喷射雾化式冷凝器与旧式冷凝器相比体积小，重量轻，可利用旧基础来安装；设备投资和维护费用低；喷嘴不易堵塞，耐腐蚀；煮糖时通过自动控制用水量进行调节，达到真空稳定、节能减排、提高产品质量和收回的目的。

使用喷射雾化式冷凝器后，既简化设备流程，减少了配套设备（如真空泵、管道）的投资费用，又能够在循环水温不高的情况下达到节约用水、减少动力消耗、降低生产成本的目的，同时还能减轻员工的劳动强度。

4．冷凝器冷凝水闭合循环系统

将蒸发、煮糖产生的蒸汽，经冷凝器凝结后排入循环热水池，经冷却塔冷却降温至30℃后进入循环冷水池，再从循环冷水池抽取 300～400 m^3/h 的冷凝水进行生化处理，处理达标后回流到循环冷水池补充冷凝水，从而将循环冷水池中冷凝水的污染物浓度控制在较低范围内，符合冷凝器用水要求，确保整个榨季生产冷凝水循环使用。

冷凝器内的冷凝水是在一个闭合的循环系统中的，可不再抽取原水置换循环水池中的水，不仅节约用水，还为煮糖和蒸发冷凝器提供充足合格的冷凝水，保证煮糖或蒸发真空度的稳定性。同时经过生化处理系统也可以对冷凝水进行辅助降温。

2.1.2.4 煮糖与结晶技术

全自动连续煮糖技术的核心装备是连续煮糖罐，它有立式和卧式之分，由多层带搅拌的结晶室叠加而成，糖浆在前端结晶室连续进料，煮制好的糖膏在后端结晶室不断排出，实现了煮糖的连续化。通过收集人工煮糖的参数，由计算机优化成最佳曲线，然后根据曲线发出指令控制各个阀门开度来达到自动煮糖目的，最后根据结晶罐机械式强制循环装置的电机电流变化来判断糖膏的锤度是否达到放糖锤度。

糖膏在罐内保持恒定的低液位，静压低，且有搅拌，故可采用后效蒸发罐汁汽来煮糖，节能效果显著。全自动连续煮糖技术可实现煮糖过程的连续化和自动化，为糖厂全程连续化、自动化奠定基础，同时可解决糖厂间断煮糖生产波动大、生产不稳定的问题。而且连续煮糖罐内糖膏液位低，循环好，加热蒸汽压仅需 0.09 MPa（绝压）即可满足生产需要，制糖过程蒸汽消耗减少14%，降低了能耗。

2.1.2.5　分蜜技术

分蜜主要在全自动离心机内进行，在程序的控制下，实现对轴承、电机温度、电机和筛篮转速、水流量、水汽压力、设备振动等实时检测和自动调节。工作过程主要是将被分离的糖膏注入转鼓内，在高速旋转时利用离心力场的作用将液体甩出转鼓外，而固体颗粒则被铺设在转鼓内的滤网截流，完成固液分流。再配合一定量、温度的水洗及一定压力、温度的汽洗，使筛出的晶体颗粒更加干净洁白，筛篮采用重力卸料结构，确保分蜜的产品晶粒不易破碎。该离心分蜜机系统稳定，自动化程度高，高效节能，进料饱满，分离快速，卸料干净，操作简便，是全密封的进料和机壳装置，环保卫生。

2.1.2.6　干燥技术

1. 振动砂糖干燥机

其结构与振动输送机类似，只是在振动输送机内增加叶板及筛网，从糖入口端的叶板及筛网下吹入热风或冷风，糖在叶板和筛网上移动和下落时与热（冷）风接触，起到干燥冷却作用。按近年来食品卫生及生产环境的要求，可以在干燥机上增加密封罩，并从顶部抽风，可取得很好的效果。该设备对糖粒的磨损较小，降低能耗，节约资源和成本。

2. 抄板式滚筒干燥机

这种干燥机工作时抄板将糖提升到一定高度后下落，热（冷）空气从出料端进入并与糖接触，这种逆流干燥方式使糖的干燥和冷却达到最佳效果。处理量较小时，可以将干燥和冷却设计为一体，前段筒体干燥，后段筒体冷却，设备结构紧凑，操作方便。但当处理量较大时，需要将两台设备串联使用，一台用来干燥，一台用来冷却。干燥系统只需要一个风量可调的引风机抽取自然风就可以达到干燥冷却的效果，从而达到节能降耗的目的。

3. 无抄板式滚筒干燥机

属于百叶窗式滚筒干燥机，滚筒内设有百叶窗式叶板，叶板从糖入口到出口呈 3°的斜度。滚筒在转动时，糖在叶板上滑动并向出口移动，气流则由每个隔板所形成的通道穿过叶板上的糖层，从而对糖进行干燥或冷却。该设备克服了糖晶粒的磨损问题，同时在干燥时，空气从底部均匀地穿过糖层，提高了糖的干燥强度，其效率比一般抄板型干燥机更高，达到节能降耗的目的。

4. 滚筒式干燥机与流化床冷却器组合的干燥冷却系统

采用前述的百叶窗式滚筒作为干燥机，用流化床冷却器作为冷却机，可以使糖的干燥冷却达到最佳效果，特别适用于高品质精制糖的干燥和冷却。处理后糖晶粒的磨损较少，装包温度最低可达到 35℃，糖的水分含量也低于 0.03%。流化床底部鼓入过滤并除湿后的干燥冷空气，使糖在特制的孔板上沸腾并向前流动，流化床内部设有冷水管，加强了糖的冷却。整个设备没有传动部件，设备结构紧凑，容易维护，冷却效率非常高。

整个系统中空气的温度、流量、湿度、糖温、含湿量及来料量都实现了 DCS 自动控制。从糖进入干燥系统到糖排出流化床，整个系统采用全封闭并微负压操作，防止了糖粉的空间扩散，改善了干燥间的环境，防治污染，节约资源能源。

2.1.2.7　筛分技术

振动分级筛，采用振动筛分原理，通过设置合理的筛面倾角及筛网孔径，并采用链条清理筛面来强化筛分，保证分级效果。该技术工作稳定可靠、操作维修方便。另外，该系列振动分级筛使用振动电机作为振动源，振动小、噪声低、运转平稳。

2.1.3　污染物产生情况

2.1.3.1　废水产生情况

对于甘蔗制糖，产生的废水主要包括：提汁工序产生的设备冷却水；清净工序产生的洗滤布水、真空吸滤机水和喷射泵用水、离子树脂交换塔反冲洗水；蒸发工序产生的蒸发罐冷凝水、汽凝水、洗罐废水、地面清洗废水；煮糖结晶工序产生的结晶罐冷凝水、助晶箱冷却水、洗罐污水；公用单元产生的设备冷却水、锅炉湿法排灰废水、瓦斯洗涤水、冷却循环水、生活污水、综合污水。这些废水均可直接回用或处理后回用，产生的污染因子有 pH、SS、COD_{Cr}、BOD_5、氨氮、总氮及总磷。

编者对企业调研的数据显示，我国甘蔗制糖企业基准排水量平均值为 7.4 m³/t（即每生产 1 t 糖的废水排放量为 7.4 m³），但不同地区因其制糖工艺技术、节水措施、环保水平的差异，企业基准排水量有明显区别。如广东省甘蔗制糖企业基准排水量为 1.8～15.67 m³/t，平均值为 8.3 m³/t；广西壮族自治区甘蔗制糖企业基准排水量为 0～13.04 m³/t，平均值为 4.7 m³/t；云南省甘蔗制糖企业基准排水量为 1.06～65.4 m³/t，平均值为 14.9 m³/t。废水中污染物情况为 COD_{Cr} 为 300～1 000 mg/L，BOD_5 为 180～370 mg/L，悬浮物浓度 150～480 mg/L。甘蔗制糖的废水产生来源及去向见表 2-1，甘蔗制糖亚硫酸法和碳酸法废水及水污染物产生节点见图 2-1 和图 2-2。

甘蔗制糖生产废水按照污染程度的不同和其本身性质差异等可分为 3 类（表 2-2）：

（1）低浓度废水：主要包括蒸发、煮糖冷凝器的冷凝水和设备冷却水，真空吸滤机水和喷射泵用水，压榨机和汽轮发电机组等设备冷却水。其特点是除水温较高、含微量糖分外，水质没有太大变化，全部回收经冷却降温后，冷凝水可用于生产工艺用水，冷却水则重复使用。这部分废水占废水总量的 65%～75%，COD_{Cr} 为 20～70 mg/L，BOD_5 为 10～45 mg/L，悬浮物浓度为 10～40 mg/L，水温为 40～60℃。

（2）中浓度废水：主要包括清净工序的洗滤布水以及加热器、蒸发罐、煮糖罐清洗用水等，其特点是含有悬浮物、糖分和少量机油，但不含有毒物质，经收集后排入生化处理系统处理。这部分废水为间歇排放，水质、水量波动较大，水量占废水总量的 20%～30%，COD_{Cr} 为 1 500～4 200 mg/L，BOD_5 为 600～1 800 mg/L，悬浮物浓度为 300～1 500 mg/L。

（3）高浓度废水：来源较为单一，包括酒精车间排放的酒精废醪液以及蔗渣造纸的造纸黑液。酒精废醪液是酒精车间粗馏塔及精馏塔提取酒精后排出的废液，造纸黑液是蔗渣造纸工艺中制浆蒸煮产生的废液。这部分废水含有高浓度的有机物，酸度大、色值高，不属于甘蔗制糖工艺产生的废水，宜另设排水口，另行监测及污染防控。

表 2-2　甘蔗糖厂废水的部分水质指标

水质指标	低浓度废水	中浓度废水
pH	6.8～7.2	5.5～8.6
COD_{Cr}/（mg/L）	20～70	1 500～4 200
BOD_5/（mg/L）	10～45	600～1 800
悬浮物/（mg/L）	10～40	300～1 500
废水产生比例/%	65～75	20～30

2.1.3.2　废气产生情况

1. 有组织废气

甘蔗制糖生产过程产生的有组织废气主要是锅炉排放的烟气（颗粒物）、二氧化硫（SO_2）和氮氧化物（NO_x），以及制糖车间燃硫炉排放的 SO_2。根据编者对企业调研，我国甘蔗制糖企业有组织排放废气中颗粒物浓度为 13～236 mg/m^3，SO_2 浓度为 2.5～287 mg/m^3，NO_x 浓度为 10～354 mg/m^3。

锅炉排放 SO_2 主要是燃煤所致，完全使用燃煤锅炉的企业一般在水膜除尘工艺中添加碱液吸收 SO_2，但 SO_2 浓度难以稳定达到排放标准；少数企业则采用双碱法工艺脱硫设施吸收 SO_2，使 SO_2 稳定达标排放。目前，国内绝大多数甘蔗制糖企业通过完全使用甘蔗渣作为燃料，可以有效避免锅炉 SO_2 产生。脱硝技术在甘蔗制糖企业中的运用仍处于调试阶段，主要采用的方法有低氮燃烧技术、选择性催化还原（SCR）技术、选择性非催化还原（SNCR）技术等。

2. 无组织废气

无组织废气主要包括原料堆场、石灰消和加料、结晶分蜜及包装等工序过程中产生的含颗粒物的气体，以及污泥和滤泥堆存产生的臭气。

2.1.3.3 固体废物产生情况

甘蔗制糖生产过程中产生的固体废物主要包括滤泥、蔗渣、锅炉灰渣、最终糖蜜等。

1. 滤泥

滤泥主要为制糖澄清工序中，蔗汁经过滤机过滤出清汁后剩余的固形物。根据澄清工艺的不同，滤泥可分为亚硫酸法滤泥和碳酸法滤泥，分别占榨蔗量的 0.7%～1.4%和4.0%～5.0%。亚硫酸法滤泥主要成分为 $CaSO_4$，可用于生产有机肥料；碳酸法滤泥中 CaO含量达 36%～40%，pH 为 8.5～9.0，不能用作肥料，一般作无害化填埋处理。

2. 蔗渣

蔗渣主要产生于压榨单元，约占榨蔗量的 23%。蔗渣用作锅炉燃料是最简单、最传统的利用方法，蔗渣燃料无 SO_2 排放，可以减少糖厂的排污费用。蔗渣主要成分包括：全纤维素、木质素、多缩戊糖、灰分、1% NaOH 抽出物、苯和醇抽出物等。因此，蔗渣不仅仅是一种清洁的生物质燃料，作为一种纤维原料同样具有很大的优势，是一种综合利用价值很高的资源。

3. 锅炉灰渣

锅炉灰渣主要是蔗渣锅炉炉灰、燃煤锅炉煤灰渣以及煤炉冲灰水分离后得到的炉渣灰。蔗渣锅炉炉灰是很好的肥料（钾肥）；燃煤锅炉产生的炉渣可以直接作为建筑原材料加以利用，如生产免烧砖等产品。最好的方法是改造目前的链条锅炉，建成循环硫化床锅炉，可以提高燃烧效率，降低烟气含尘和有害气体含量。

4. 最终糖蜜

最终糖蜜产生于分蜜单元，为从末端（最终）糖膏分离出来的母液，俗称桔水，其产率约为榨蔗量的 3%。每升最终糖蜜 COD 含量可达到 10 多万毫克。最终糖蜜可用于生产酒精、饲料、复合肥、酵母、柠檬酸、味精等，关键在于解决糖蜜利用过程中的二次污染问题，制糖企业可自用或外售其他企业。最近的研究主要趋于高附加值产品的研究与开发，如乳酸、化工及医药中间体以及胶黏剂等，目前尚处于实验室研究阶段。

2.2 甜菜制糖工艺及污染物

2.2.1 甜菜制糖工艺及产污节点

甜菜制糖是指以甜菜为原料，经输送、洗涤、切丝、渗出、清净、过滤、蒸发、煮糖结晶、分蜜和干燥等工序制成白砂糖、绵白糖等产品的过程。其基本生产步骤包括：原料→输送→洗涤→切丝→渗出→清净→蒸发→煮糖结晶→分蜜→干燥→筛分→包装成品。

　　甜菜从甜菜窖输送到车间，经除杂、洗涤等预处理后将甜菜切丝送入渗出器，渗出汁加石灰乳，再充入二氧化碳，使非糖分凝聚、沉降，再经过滤去除。清净后的糖汁经硫漂脱色后，送至多效蒸发器浓缩成糖浆，糖浆再经煮糖、助晶、分蜜、干燥、筛分，成品糖包装出厂。

　　典型的甜菜制糖—碳酸法工艺过程及污染物产生节点见图 2-3。

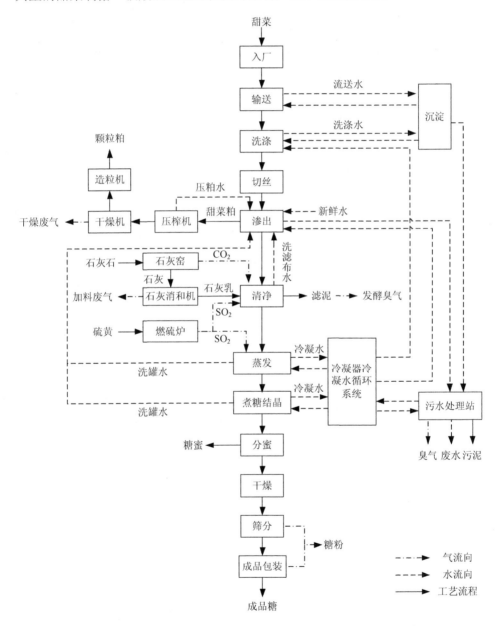

图 2-3　甜菜制糖—碳酸法工艺过程及污染物产生节点

甜菜制糖污染主要来自输送、洗涤、切丝、渗出、清净、蒸发、煮糖、助晶、分蜜、包装等单元及工艺。具体的各生产单元污染监测控制项目见表 2-3。

表 2-3 甜菜糖厂排污主要生产单元、主要工艺、生产设施及污染监测控制项目

主要生产单元	主要工艺	生产设施	污染监测控制项目
原料系统	机械化原料场、非机械化原料场	地磅房、原料场、堆垛机、输运设备及其他	废气：颗粒物（无组织）
提汁系统	甜菜预处理、渗出提汁	流送沟或皮带输送机、洗菜机、切丝机、渗出器、输送设备及其他	废气：颗粒物（无组织） 废水：悬浮物、COD_{Cr}、BOD_5、氨氮、总氮 固体废物：甜菜粕
清净系统	饱充过滤	石灰窑、加灰槽（桶）、饱充罐、硫熏燃硫炉、管道中和器、增稠过滤器、真空吸滤机、自动板框过滤机、真空抽气机及其他	废气：颗粒物（无组织） 废水：悬浮物、COD_{Cr}、BOD_5、氨氮、总氮、总磷 固体废物：滤泥
蒸发系统	加热蒸发	加热器、蒸发罐、高压清洗机、冷凝抽气机及其他	废水：悬浮物、COD_{Cr}、BOD_5、氨氮、总氮
结晶系统	煮糖助晶	原料箱、结晶罐、助晶机、种子箱、冷凝抽气机、喷射冷凝器及其他	废水：悬浮物、COD_{Cr}、BOD_5、氨氮、总氮 固体废物：糖蜜
	分蜜	离心分蜜机、干燥器、鼓风机、再溶槽、糖糊搅拌机及其他	废气：颗粒物（无组织）
包装系统	自动包装、手工包装	振动筛分机、输送机、包装机、气送器及其他	废气：颗粒物（无组织）
公用单元	供热、软化水制备、污水处理站及其他辅助系统	汽轮机、发电机组、冷却循环水系统、软化水制备设备、空气压缩机、机修车间、化验室、材料库及其他	废气：二氧化硫、颗粒物、氨、硫化氢 废水：pH、悬浮物、COD_{Cr}、BOD_5、氨氮、总氮、总磷 固体废物：污泥

2.2.2 甜菜制糖技术

2.2.2.1 预处理技术

1. 湿法输送技术（图 2-4）

甜菜制糖首先要对甜菜进行预处理，即先将甜菜从甜菜窖用水力输送到车间内，经除草、除石和扬送、洗涤后，进入切丝渗出工段。在生产运行过程中主要存在以下缺点：流送水用量大，由于甜菜窖至洗菜间的流送距离长，造成甜菜糖分损失大，榨期在 0.5%

左右；下菜由人工进行操作，自动化程度低，无法保证均衡生产要求；由于流送水含糖较高，COD 在 7 000～8 000 mg/L，流送水量在 900 m³ 左右，给废水处理系统造成很大压力，对企业的生产造成极大影响。

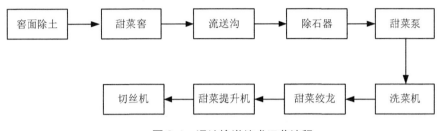

图 2-4　湿法输送技术工艺流程

2．干法输送技术（图 2-5）

近年来，为降低用水量，减少治污成本，部分大型甜菜糖厂采用干法输送甜菜，即用传送机械将甜菜除杂，直接送到洗涤槽。与水力输送相比，干法输送具有降低糖分损失、节约大量生产用水和能源、减少环境污染、改善劳动条件，以及有利于生产自动化等优点。

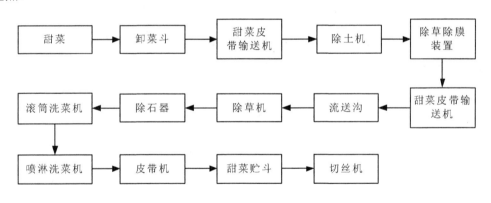

图 2-5　干法输送技术工艺流程

干法输送系统节约新鲜用水量 30% 左右，采用两级洗涤并回收溶于洗涤水中的糖分，不仅减少了用水量，还可以降低污水处理费用。

干法输送技术采用皮带输送机械将甜菜输送进入加工车间，取代现有耗水量大、废水泥砂含量大、化学需氧量浓度高的湿法输送技术。该技术采用特殊的甜菜储斗防止甜菜架桥及破损；采用异形滚轮式除土机减少洗菜水泥砂含量和流洗水用量，提高流洗水的循环利用率；采用格栅式或特殊螺带式出料装置将甜菜送至皮带输送机，解决出料堵塞和甜菜破损问题，同时采用一整套自动控制装置，对各甜菜储斗的料位、出料速度进行监控并根据生产要求适时调整，避免断料或超负荷。

3. 流洗水循环系统（图 2-6）

传统工艺是将流送洗涤水中的泥沙通过辐流沉淀池上层清液回用，沉淀的泥沙浆液进入氧化塘沉淀，上层清液进入废水设施进行处理。自然沉淀时间长，所用的氧化塘容积大。

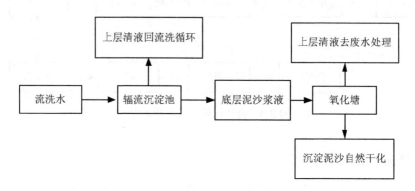

图 2-6　传统流洗水循环工艺

当前，企业采用了沉淀泥浆流水沉清循环回用新工艺（流洗水循环新工艺如图 2-7所示），将辐流沉淀池下层排出的泥沙浆液进行分离清液回用，流洗形成流洗水完全封闭循环。改造后有 100 m^3/h 的辐流沉淀池底泥浆水脱泥后被回用，形成闭循环。减少了生产用水，极大地减少了废水量，减轻了废水设施的运行负荷。

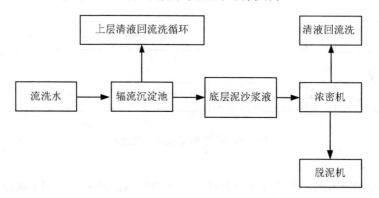

图 2-7　流洗水循环新工艺

2.2.2.2 切丝技术

切丝机的切丝实现自动换刀，机内装置能有效除去鼓中的杂物，旋转刷持续清刷刀片保持刀刃锋利，自动控制及保护系统完善，菜丝质量显著提高。提汁率降低 5%～10%，废粕含糖低于甜菜量的 0.3%，动力消耗低。

2.2.2.3　封闭式压粕水回收技术

压粕水首先进入一级处理水箱进行初步沉淀，以去除压粕水中粗的杂质，然后由水泵打入旋流除渣器进一步去除水中的胶体颗粒、泥浆、砂、碎粕等，出水直接进入高位水箱，并与新鲜的渗出水通过计量装置按比例分配到渗出器中，整个工艺全封闭运行。

以 4 000 t/d 加工能力的甜菜糖厂为例，每天产生压粕水量可达到 2 400 t，年生产榨期按 120 天计算，压粕水如全部回用，可节水 28.8 万 t，按供水成本 0.59 元/t，每榨期可节约水费约 17 万元，减少污水处理成本 23 万元，同时避免糖分、能源的浪费及对环境的污染。

2.2.2.4　清净技术

1. 碳酸法（碳法）

碳酸法（图 2-8）以石灰和二氧化碳为主要清净剂。一般石灰石的耗用率为甜菜量的 2.5%～3.5%。

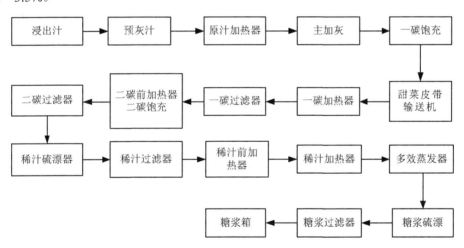

图 2-8　碳酸法清净工艺流程

由于加灰量小，产生的滤泥少，带走的糖分损失减少，一般都小于 0.03% 的甜菜量。该技术适用于甜菜制糖清净（澄清）工段。

2. 膜分离技术

此项技术主要是取代现行制糖工艺中的清净工序，取消石灰的生产及消和系统，直接从渗出汁中结晶蔗糖，可以使糖汁中的非糖分减少，多回收糖分，具有节能、高效的特点。不产生难以处理的滤泥，减少污染物排放量，同时起到节能降耗的作用。

该技术适用于甜菜制糖新建企业及现有企业的改造。现有的碳酸法生产线可改造为膜分离生产线，使制糖工艺简化，投资费用减少，操作简单，更易于实现自动化。

3．全自动隔膜压滤机

采用带挤压隔膜的聚丙烯滤板，利用 PLC 与变频技术，实现对整个压滤机与工艺过程的全自动控制。此设备采用压滤方式，利用先进的控制技术与隔膜压榨手段，提高整机的生产效率，缩短了过滤时间，提高滤饼含固率。通过对滤饼的压榨优化了洗水方案，降低了滤饼含糖量与含水量。

采用全自动隔膜压滤机，因滤布干净可延长洗滤布周期（原每星期清洗一次，现可延长到每月清洗一次），使用寿命从 35～40 天延长到 65～70 天，每台设备每年节约 2 套滤布，以 5 台板框机计每年可节约滤布费用 6 万～7 万元。由于洗滤布周期延长，洗滤布水明显减少，每台隔膜压滤机每天洗布水用量约 40 L。

4．无布真空吸滤机

采用吸滤的方法，过滤泥汁在真空的作用下通过钢网等组成的过滤介质，截留悬浮液中固体颗粒，实现固液分离。无布真空吸滤机保留了吸滤设备结构简单、连续过滤、操作方便的优点，同时又解决了生产与环保的矛盾，降低了滤泥的转光度，但也存在着流程长、pH 下降、糖分转化损失、色值增加、滤汁与澄清汁锤度差大等问题，往往需要配套快速沉降系统。

由于不使用滤布，没有洗布水，基本能够实现洗布污水的零排放，减少排污费用。

2.2.2.5 蒸发与结晶技术

1．真空蒸发系统

优选带热能压缩器的五效真空蒸发系统。蒸发系统稳定性好，温度制度合理，各效汁汽均可得到充分利用，节约了新蒸汽用量，节能效果显著。

该技术适用于甜菜制糖蒸发工段。

2．多效降膜蒸发器

多效降膜蒸发器效率较传统式蒸发罐高，加热管长度超过 6 m（传统式蒸发罐加热管长度一般不超过 4 m），设备直径为采用五效以上蒸发方案提供了设备支持。

降膜蒸发是将料液自降膜蒸发器加热室上管箱加入，经液体分布及成膜装置，均匀分配到各换热管内，并沿换热管内壁呈均匀膜状流下。在流下过程中加热汽化，产生的蒸汽与液相共同进入蒸发器的分离室，汽液经充分分离，蒸汽进入冷凝器冷凝或进入下一效蒸发器作为加热介质，从而实现多效操作，液相则由分离室排出。在真空低温条件下进行连续操作，蒸发能力高、节能降耗、运行费用低。

3．全自动连续煮糖技术

全自动连续煮糖技术具有能耗低、生产效率高等优点，是国际上先进的煮糖技术，该技术的核心是连续煮糖罐，它有立式和卧式之分。以立式连续煮糖罐为例，它是由多层带搅拌的结晶室叠加而成，糖浆在顶部结晶室连续进料，煮制好的糖膏在底部结晶室不断排出，实现了煮糖的连续化。此外，糖膏在罐内保持恒定的低液位，静压低，且有搅拌，故可采用后效蒸发罐汁汽来煮糖，节能效果显著。该技术实现煮糖过程的连续化和自动化，为全程连续化、自动化奠定了基础。

连续煮糖罐内糖膏液位低，循环好，加热蒸汽压仅需 0.09 MPa（绝压）即可满足生产需要，制糖过程蒸汽消耗又减少 14%，降低了能耗。对于年处理 100 万 t 糖料的糖厂，年节约蒸汽 7 万 t，按照吨汽耗标煤 0.16 t 计，折合 1.12 万 tce，可从根本上减少烟气污染物的产生。

4. 通洗用水回收利用

蒸发罐、煮糖罐、加热器的通洗用水一般取自新鲜水，经洗罐后其含有较高的糖分，俗称甜水。甜水不含其他污染物，可全部收集回用作压榨渗透水。减少了洗罐、试压用水对末端废水处理设施的冲击，减少了使用新鲜水量及外排水量，还能提高糖分收回和降低能耗。

5. 高效喷射雾化式冷凝器

高效喷射雾化式冷凝器的介绍同 2.1.2.3 相应内容。

喷射雾化式冷凝器属于近几年来新开发的一种新型产品，是一种高效节能的冷凝设备，正逐步取代湿式真空系统冷凝器。

2.2.2.6　全自动间歇式变频调速离心机

全自动间歇式变频调速离心机具有处理糖量大、能耗低、过程全自动控制、卸糖干净、无需蒸汽洗糖和产糖率高等优点。其筛篮装载量为 850～2 100 kg，吨糖电耗为 1.2 kW·h；电机与转动轴一体化，使筛篮运转更平稳有效；可编程逻辑控制系统和进料、卸料系统；自动雾状水洗功能，保证得到高质量产品又不冲掉应得到的晶体，从而提高糖品回收率；实现刮刀与筛篮接触卸料，卸料温度低于 60℃，保证了设备运行的安全性、稳定性，延长设备的使用寿命；免打蒸汽减少了能耗。

生产效率高，运行成本低，可节约用电 50%。从节约用电、减少蒸汽消耗、减少回溶糖损失、提高产糖率几方面来考虑，每台离心机每榨季可节约成本超过 140 万元。

2.2.2.7　冷凝器冷凝水闭合循环系统

同 2.1.2.3 中的相应内容。

2.2.2.8　汽机冷却水循环系统

为汽轮机、引风机和压榨机冷却水经冷却塔降温后循环使用。汽轮机冷却水出水温度高，没有污染，汽轮机冷却水对水质要求不高，只要将出水温度降低后就可以循环使用。压榨机轴头冷却水含有一定的油，经滤油池除去悬浮油，然后经过降温处理后循环利用。在整个冷却过程中，蒸发损失的水分用中水补充，提高废水循环率，节约生产用水。

2.2.2.9 锅炉冲灰水循环系统

锅炉冲灰废水渣量大，属于含高浓度悬浮物废水，易于沉淀。锅炉冲灰水对水质要求不高，冲灰水经沉灰池沉降及经灰水分离器处理后，除去大部分灰渣后即可回用，无需特别处理。烟气在水膜除尘器除尘过程中带走不少水分，灰渣外运也带走一些水分，在循环过程中冲灰水损失部分用中水补充。可提高废水循环率，节约生产用水。

2.2.2.10 其他废水循环系统

主要是部分洗箱罐水、洗地板水等。这部分水废水量小，含有大量悬浮物、微量糖，COD_{Cr} 1 200～3 000 mg/L。属 COD_{Cr} 浓度较高的废水。排入事故池后用作除尘水或进入生化处理系统，处理达标后回用。可提高废水循环率，节约生产用水。

2.2.2.11 澄清、蒸发自动控制系统

通过控制计算机、控制器等构成集散式控制系统对糖厂澄清、蒸发工段各工艺参数的数据进行实时采集，对各工艺控制点进行自动控制；通过现场总线将所有测量、控制参数发送到生产调度系统服务器；通过网络传输的方式，使生产调度部门和各级领导通过其个人计算机可随时查看生产情况，从而提高了糖厂制糖生产过程自动化控制水平及管理水平、管理效率，保证澄清、蒸发工段的生产工作安全、均衡和稳定，为下一道生产工序（煮糖）得到稳定锤度、温度、流量的粗糖浆提供保证，并为锅炉提供合格的高温的蒸发汽凝水。

降低锅炉燃料消耗，抑制蒸发"跑糖"现象，有效地降低蒸发排水的 COD_{Cr} 浓度，使糖厂达到降低生产成本、提高产品质量、提高经济效益、节约能源、减少废物排放的目的。

2.2.2.12 锅炉自动控制系统

专用于锅炉自动化控制的分布式集散控制系统。以锅炉监控自动化为目标，是一个多输入、多输出、多回路、非线性的相互关联的复杂的控制系统，主要包括 4 个闭环控制：给煤控制、送风控制、汽包液位控制和炉膛负压控制。锅炉全部参数由计算机控制，使锅炉能长时间地稳定运行在原设定的范围。节能增效，一台 50 t 锅炉装设锅炉自动控制系统后热效率可提高 8%。

2.2.3 污染物产生情况

2.2.3.1 废水产生情况

我国的甜菜糖厂主要分布在东北、西北和华北地区，生产期为每年气候寒冷的第一、第四季度，以加工冻藏原料为主。在预处理过程中，糖分流失较多，故废水中污染负荷比国外加工新鲜甜菜的污染负荷约高出 3 倍。每加工 1 t 甜菜，产生悬浮物 18～27 kg，废水排放量平均在 24 m^3/t 糖。

甜菜制糖的生产废水，按照污染程度的不同和性质差异，可以分为三类（表 2-4）：

（1）低浓度废水。受污染的程度相对而言较低，主要来源于甜菜糖厂生产中的动力设备的冷却水、蒸发罐和结晶罐等的冷凝水等。除温度较高外，水质基本无变化（冷凝水则含有少量氨气和糖分）。这部分废水的水质成分悬浮物在 100 mg/L 以下，COD_{Cr} 一般在 60 mg/L 以下，产生量占废水产生总量的 30%～50%。

（2）中浓度废水。主要来源包括甜菜流送、洗涤废水等。中浓度废水的溶解性有机质含量很多，且含有较多的悬浮物。废水悬浮物的浓度一般在 500 mg/L 以上，BOD_5 为 1 500～2 000 mg/L，水量也较多，占到了废水总量的 40%～50%。

（3）高浓度废水。主要产生于制糖生产中湿法流送水、压粕水、洗滤布水、滤泥湿法输送泥浆水等。高浓度废水中有机物和糖分的含量很高，尤其是压粕水，COD_{Cr} 一般会超过 5 000 mg/L。不过高浓度有机废水的产生量较少，只占糖厂总排水量的 10%左右。

表 2-4　甜菜糖厂废水的部分水质指标

水质指标	低浓度废水	中浓度废水	高浓度废水
pH	6.8～7.2	6.6～8.5	5.5～10.5
COD_{Cr}/（mg/L）	20～60	2 600～4 500	5 800～27 000
BOD_5/（mg/L）	15～35	1 500～2 000	3 000～11 000
悬浮物/（mg/L）	40～100	500～3 200	550～3 500
废水排放量占比/%	30～50	40～50	10

2.2.3.2 废气产生情况

1. 有组织废气

有组织废气主要是锅炉排放的烟气、SO_2 和氮氧化物。锅炉排放的 SO_2 主要是燃煤所致，目前锅炉烟气脱硫均采用"双碱法"工艺，脱硝采用 SNCR 工艺，目前标准下均能够达标排放。现在脱硫环节逐步采用利用制糖滤泥为脱硫药剂的新工艺，既降低了运行成本又综合利用了固体废物。

2. 无组织废气

甜菜制糖产生的废气主要为无组织排放废气，包括石灰装卸及加料、结晶分蜜及包装产生的颗粒物、污泥和滤泥堆存产生的臭气。该部分无组织废气主要通过加强企业管理水平、提升生产过程中的自控水平等方式进行控制。

2.2.3.3 固体废物产生情况

甜菜制糖生产过程中产生的固体废物主要有废粕、最终糖蜜、滤泥和锅炉灰渣。

废粕：废粕产生于渗出工序，是甜菜糖厂的主要固体废物之一。废粕的产生量为 90% 的甜菜量。目前甜菜糖厂已将废粕全部进行综合利用，用于加工甜菜颗粒粕，成为出口创汇产品。

最终糖蜜：最终糖蜜产生于分蜜工序，产生量为 4%～5% 的甜菜量。目前绝大多数糖厂都利用最终糖蜜作为原料生产酒精，也有少数糖厂利用其生产味精、柠檬酸、酵母等。

滤泥：滤泥是甜菜制糖生产清净过程中产生的，其主要成分是碳酸钙。甜菜糖厂排放的滤泥量约为 10% 的甜菜量。

锅炉灰渣：甜菜糖厂是用煤大户，因此炉渣量也很大，约为 60% 的燃煤量。多数糖厂将其直接出售给砖厂，也有极少数糖厂利用其生产炉渣砖及其他建筑材料。

第3章　制糖工业污染防治可行技术

3.1　污染防治可行技术

3.1.1　污染防治可行技术理论基础

根据生态环境部在 2018 年颁布的《污染防治可行技术指南编制导则》(HJ 2300—2018)，污染防治可行技术的定义为：根据我国一定时期内环境需求和经济水平，在污染防治过程中综合采用污染预防技术、污染治理技术和环境管理措施，使污染物排放稳定达到国家污染物排放标准、规模应用的技术。其中，污染预防技术指的是为减少污染物排放，在生产过程中采用避免或减少污染物产生的技术；污染治理技术指的是在污染物产生后，为了消除或者降低对环境的影响而采用的处理技术；环境管理措施指的是企事业单位内，为实现污染物有效预防和控制而采取的管理方法和措施。

3.1.1.1　污染预防技术

目前，我国经济发展面临重要挑战：既要保证社会经济高速发展的需要，又要保护和维持地球资源，从而满足可持续发展的需求。在向社会主义现代化强国迈进的进程中，我国经济发展对环境造成了巨大破坏，环境问题对经济发展的瓶颈作用日益凸显。实践也证明，在污染发生后，仅仅清除污染影响还远远不够，末端治理难以实现长期环境目标。末端治理长期来看是被动的、低效率的，必须更加全面地评估消费和生产的环境影响，寻找更有效的环境保护途径。

污染预防是一种为了减少排入环境的残留物数量或毒性的长期策略和途径。在实践中，污染预防是在源头减少或消除废物的手段，是由"末端治理"方式向"前端预防"环境治理模式的转变。这意味着残留物的产生被当作一个策略性变量来控制，而不是在污染产生后进行处理。在物质平衡模型中，预防策略是能够改变企业经济活动，减少污染物排放量的长期策略。污染预防通过避免污染物和废物产生或使其最小化，尽量减少污染物对环境或人体健康的危险。其内涵主要表现在：① 污染预防主要是针对单个经济主体，通过最小化或消除废物促进环境风险控制；② 污染预防政策主要是由政府制定或监督；③ 污染预防将效率看作是完成目标（降低环境影响）的手段；④ 在防止环境危害方面，污染预防比管理或处理污染成本更低、效率更高；⑤ 污染预防是在生产过程的上游预防污染源，而不是在下游控制危害。

污染预防的重点在于控制污染物的主要来源，促进社会所有部门削减废物。对于企业来讲，预防策略主要体现在两个目标：第一，削减污染源，即在污染源头削减所有污染物的数量或控制其向环境排放的预防性策略；第二，有毒有害化学物质的替代，即用危害程度较低的化学物质代替较高危害的物质。国内许多企业已逐步将污染控制点选择在生产前端，即通过实施污染预防来减少或消除污染物而不是末端处理废物，如此一来不但能有效地改善环境，而且也避免了不必要的污染控制成本。

污染预防是我国绿色发展的必由之路，应该把污染预防放在更重要的位置上。污染预防的核心是污染源的控制与缩减，生命周期评价管理是实现源头控制的有效途径，而污染预防技术是污染预防的关键，主要包括污染源隔离、原材料替代、改变生产工艺和产品替代四种。

① 污染源隔离：指阻止危险废物与无危险废物接触，两类废物的隔离使危险废物的堆积不会产生污染。这种方法简单易行、成本低廉，有助于企业降低废物管理成本和降低污染物的暴露风险。② 原材料替代：指使用产生较少或没有危险废物的生产原料，促使废物规模大幅度缩减。③ 改变生产工艺：指寻求新的替代工艺或对现有工艺进行改造，尽量减少危险物的生产。例如，清洁生产技术作为一种预防性环境策略，能提高生产效率，降低环境风险。④ 产品替代：指选择使用相对于环境更加安全的产品。

3.1.1.2　污染治理技术

污染治理技术是指通过建设废物净化和分离装置，实现有害或有毒废物的净化和分离处理，甚至实现废物再利用，从而达到消除污染物质的一种技术。

我国国民经济的高速发展推动了环保科技研究领域不断延拓，从早期偏重单纯研究污染引起的环境问题扩展到现在全面研究生态系统、自然资源保护和全球性环境问题；特别是污染防治，由工业"三废"治理技术扩展到综合防治技术，由点源的治理技术扩展到区域性综合防治技术，并研究开发了少废、无废的清洁生产工艺、废物资源化技术等。污染治理技术的提高对减少污染物向环境的排放、改善环境质量具有重要的意义。

如今我国大力倡导循环经济与清洁生产，末端治理似乎处于一个尴尬的地位，但不能就此完全否定末端治理的贡献。生产不可能完全避免污染的产生，最先进的生产工艺也会产生污染物，因而需要末端治理对污染物进行处理，减轻或避免其对自然界的危害。

20 世纪 70 年代以来,我国执行的工业污染防治手段主要依赖于末端治理,其措施有:① 通过颁布污染物排放浓度标准、征收超标准排污费,促使企业进行治理。② 采取限期治理和关、停、并、转、迁等强制手段,解决严重的污染问题。③ 对新建、扩建、改建项目实行"三同时"和环境影响评价制度,控制新污染源的发展。④ 通过技术改造,提倡并鼓励搞原材料综合利用,提高资源利用率,采用先进工艺,减少污染物的排放量。⑤ 推行污染物排放总量控制和试行排污许可证制度。

我国在政策法规方面,相继出台了《中华人民共和国水污染防治法》《中华人民共和国固体废物污染环境防治法》《中华人民共和国大气污染防治法》等一系列相关法律,使得对污水、固体废物等的处理有了相应的法律依据。

综上所述,由末端治理发展到清洁生产,但并不表明可以完全摒弃末端治理,环境改善和污染防治,二者是兼容的,可以相互弥补、相互配合。在我国,末端治理仍然是一个重要的污染控制手段,发展并实施污染治理技术,对于环境的治理必不可少。

3.1.1.3　环境管理措施

环境管理措施指的是企事业单位内,为实现污染物有效预防和控制而采取的管理方法和措施。

环境管理是指通过全面规划,协调发展与环境的关系,运用经济、法律、技术、行政、教育等手段,限制人类损害环境质量的行为,达到既满足人类的基本需求,又不超出环境容许极限的目的。环境管理过程主要包括 4 个阶段,即项目建设前期的环境影响评价、建设期的环境监理、建成期的竣工环境保护验收以及运营期的环境监督管理。

环境管理涉及行政、法律、经济、科学技术等各个领域。一般来说环境管理的内容包括三个方面:

1)生产和生活活动的环境管理,主要是工业生产、交通运输等活动排放的有害有毒气体、液体、废渣、粉尘、放射性物质,以及油污、噪声、电磁波辐射、热污染等;农牧渔业生产不合理施用农药、化肥等农用化学物质;城镇生活排放的烟尘、污水和垃圾等。

2)建设和开发活动的环境管理,主要是大型水电水利工程、铁路和公路干线、大型港口码头、机场、大中型工业等工程项目的建设对环境的影响和污染;农业区域产业结构的调整,森林、矿藏等自然资源的开发等对环境的影响和破坏;新工业区、新城镇和旅游区的设置与建设等对环境的影响。

3)有特殊价值的自然环境管理,主要是珍奇稀有动植物及其生态环境,农业生态环境。

随着我国市场经济的深入发展,在国家提倡建设资源节约型、环境友好型社会的新形势下，不少企业对环境保护工作日益重视，认识到这是关系到企业能否存在和发展的重要问题。但是，认识的提高不等于环境管理水平的提高。当前，一些企业虽设有环境机构，制定有环境保护规章制度，编制了环境治理计划，但往往由环保机构自负其责，其他有关责任部门反而安然无事。因此，为加强提高实施企业环境管理措施的水平，可以从以下三个方面入手：

1）健全、加强工业企业的环保机构。环保机构的素质决定环境管理措施效力的高低。因此，企业设立专职的环保机构势在必行。领导干部和管理人员必须懂得环保业务，工作认真负责，有强烈的事业心和责任感，能致力于控制和防治工业污染，充分发挥环保部门的监督、规划、协调等职能作用。

2）建立分工负责的环境综合管理体系。环境管理不但在企业管理中占有一定的地位，并且与生产、技术、设备、动力、物资、基建、行政、安全、卫生等各项业务管理都存在着密切的关系。它们互相依存，又互相制约。所以，环境管理必须是各部门的综合管理，单凭环保部门的力量是管不好的。因此，实行综合管理是开展实施环境管理的重要措施。

3）实施环境目标管理经济责任制。工业企业的主要污染源和污染物就是它的环境目标，应根据技术和经济分批予以解决。环境目标责任制管理作为一种经济责任制度，可采取承包的形式，由车间和科室联合承包，限期实现环境管理目标所规定的内容。按照责任制规定的责、权、利，完成任务的车间和科室可获得份额不等的奖金。否则，将受到经济处罚或行政处分。由环保机构负责组织、检查、监督和考核。奖罚分明是实行环境管理目标管理经济责任制的关键。实施环境目标管理经济责任制，可进一步提升环境管理措施的效力。

3.1.2　污染防治可行技术评价方法

3.1.2.1　技术评价的发展与应用

技术评价是对技术水平、价值、效果等进行判断的认识活动，是技术研究成果从实验室走向市场的重要环节。大气污染防治技术评价作为技术评价的应用领域之一，其基本的评价制度、评价方法和运行机制等与技术评价基本相同。技术评价最早可追溯到 20 世纪初原威尼斯共和国对专利申请的审查而开展的同行评议。1950 年美国国家科学基金会（NSF）成立，将同行评议确立为遴选资助对象的运行机制。此后，以同行评议为主要方式的技术评价在世界各国的科技管理部门得到普遍应用，成为优化配置科研资源的有效手段。美国众议院科学技术委员会开发分会于 1966 年在研究报告中首次提出要开展技术评价，1972 年美国通过立法建立了国会技术评价办公室。随后，技术评价相继引入欧洲和日本。

我国技术评价的发展与国家政策推动密切相关。根据我国颁布的各类技术评价相关政策文件和技术评价发展特征，我国技术评价发展历程可划分为摸索阶段、快速发展阶段和逐步完善阶段。

1. 摸索阶段（1987—2000 年）

原国家科学技术委员会在 1987 年发布《科学技术成果鉴定办法》，首次正式提出与技术评价相关的要求，规定列入国家和省、自治区、直辖市以及国务院有关部门科技计划内的应用成果，以及少数科技计划外的重大应用技术成果，可通过检测、会议或函审的形式开展科技成果鉴定。1993 年我国通过实施了第一部科技基本法——《科学技术进步法》，规定并提出了专家评审制度的总体要求，为我国技术评价的规范化发展提供了法律基础。

2. 快速发展阶段（2000—2011 年）

在我国技术评价发展历史上，技术评价最早可归属于技术研发相关科技活动完成后进行的绩效评价，通过对科技活动产出的效果、影响等评价，促进成果转化和应用，为完善科技管理和追踪提供依据。2000 年 1 月，科学技术部等发布《国家科技计划项目管理暂行办法》，提出国家科技计划在验收前应委托有关社会中介服务机构对研究开发成果完成客观评价或鉴定。2003 年 9 月，《关于改进科技评价工作的决定》和《科学技术评价办法（试行）》进一步明确，过去由政府部门直接组织实施的评价活动转变为政府委托、第三方机构和专家委员会（专家组）开展评价的模式。国家环境保护总局 2007 年提出要建设环境保护技术评价工作目标，2009 年发布《国家环境保护技术评价与示范管理办法》，明确了应开展环境技术评价的 7 类情况，提出了环境技术评价的方法和程序，并要求环境保护行政主管部门在开展与环境保护技术相关的管理工作或项目审批时，应当以环境保护技术评价的结果作为依据。此时，技术评价在环境技术领域已从科技活动完成后的绩效评价扩展到技术方案的比选、技术目录编制、奖项评选等。此后，技术评价的社会化、市场化发展速度明显加快，各种评价模式、方法和应用领域不断发展完善，我国技术评价发展进入一个新阶段。

3. 逐步完善阶段（2011 年至今）

为规范和完善评价标准和评价内容，2011 年科学技术部发布《科技成果评价试点暂行办法》，明确了评价工作的 7 个评价标准：①技术创新程度、技术指标先进程度；②技术难度和复杂程度；③成果的重现性和成熟程度；④成果应用价值与效果；⑤取得的经济效益与社会效益；⑥进一步推广的条件和前景；⑦存在的问题及改进意见。2016 年，科学技术部正式废止 1987 年颁布的《科学技术成果鉴定办法》，并牵头印发了《科技评估工作规定（试行）》，明确各级科技行政管理部门的评价工作交给专业评价机构执行，评价结构对评价结果负责。这意味着我国正探索和建立以市场为导向的新型技术评价机制。

近 30 年来，我国技术评价领域进行了一些与我国经济发展水平和社会发展阶段基本一致的积极探索，形成了科研项目管理和环境管理两大应用体系。在科研项目管理领域，不同专项、计划、基金等均使用不同形式的验收、评价方式对项目成果进行考核，在保证项目顺利完成的同时促进技术产业化发展。如《国家重点研发计划管理暂行办法》明确要求，需由专业机构进行项目成果验收。专业机构根据不同项目类型，组织项目验收专家组，采用同行评议、第三方评估和测试、用户评价等方式，依据项目任务书所确定的任务目标和考核指标开展验收。项目验收专家组一般由技术专家、管理专家和产业专家等共同组成。国家自然科学基金依据国务院于 2007 年 2 月 24 日颁布的《国家自然科学基金条例》，规定基金管理机构应当聘请具有较高的学术水平、良好的职业道德的同行专家进行评审，对基金资助项目申请从科学价值、创新性、社会影响以及研究方案的可行性等方面进行独立判断和评价，提出评审意见。在环境管理领域，技术评价的应用主要包括环境保护科学技术奖、技术目录、污染防治可行技术和成果鉴定四个方面，有效推动科学技术进步。

3.1.2.2   污染防治可行技术评价方法特点分析

我国污染物排放现状复杂，随着污染防治技术研究成果的不断产出，环境管理要求日益严格，污染防治可行技术评价在开展技术选择、支撑环境管理和促进成果转化等方面扮演着越来越重要的角色。随着污染防治可行技术科技成果转化的加速和评价需求的凸显，科学合理地开展污染防治可行技术评价工作，对于推动污染防治技术产业化、污染防治可行技术成果转化、支撑环境管理以经济高效地开展污染防治至关重要。

国内外常用的技术评价方法有：专家评价法、数据包络分析法、生命周期评价法、模糊综合评价法、灰色关联分析法、数理统计法、层次分析法等。多种技术评价方法的综合应用可以克服单个评价方法本身的局限和不足。

1. 专家评价法

专家评价法是一种以专家的主观判断为基础，通常以专家打分的方式对所评价的对象进行评价，以专家打分的高低筛选评价对象的优劣。专家评价法的优点是操作过程相对简单，因而也得到了广泛的应用。专家评价法的缺点是主观性太强，评价结果的可靠程度受到诸多因素的影响而缺少权威性。因此，专家评价法在对一些相对简单的评价对象进行评价时能显示出一定的优势，而对一些比较复杂的评价对象进行评价时，又受到太多因素的限制。

2. 数据包络分析方法

数据包络分析（data envelopment analysis，DEA）方法和模型是 1978 年由美国

A.Charnes 和 W.W.Cooper 等首先提出的，它用来评价多输入和多输出的"部门"（称为决策单元）的相对有效性。数据包络分析方法的优点是所构建的模型较为清楚，但其应用范围限于对一类具有多输入、多输出的对象系统的相对有效性的评价。此外，数据包络分析方法对于有效单元所能给出的信息较少，而如何指导这一类单元进一步保持其相对有效地位则是实际工作中所面临的重要问题。

3. 生命周期法

生命周期评价（life cycle assessment，LCA），也称为生命周期分析，是一种用于估算产品有关的环境因素及其潜在影响的技术。LCA 研究贯穿产品生命全过程（即摇篮到坟墓）：从获取原材料、生产、使用直至最终处置的环境因素和潜在影响。要考虑的环境影响类型包括资源利用、人体健康和生态后果。生命周期评价主要应用于与产品有关的技术评价，并且我国对生命周期的研究主要在对生命周期评价的概念和国外生命周期体系的介绍和简单应用上，所以生命周期评价方法的应用受到了较大的限制。

4. 模糊综合评价方法

模糊综合评价（fuzzy comprehensive evaluation，FCE）方法是一种用于涉及模糊因素对象系统的综合评价方法。FCE 方法可以较好地解决综合评价中的模糊性（如事物类属间的不清晰性、评价专家认识上的模糊性等），因而该方法在许多领域得到了极为广泛的应用。模糊综合评价法优点是可对涉及模糊因素的对象系统进行综合评价，而且更加适宜于评价因素多、结构层次多的对象系统；不足之处是模糊综合评价过程本身并不能解决评价指标间相关造成的评价信息重复问题，隶属函数的确定还没有系统的方法。

5. 灰色关联分析法

灰色关联分析（grey relational analysis，GRA）是一种多因素统计分析方法，它是以各因素的样本数据为依据，用灰色关联度来描述因素间关系的强弱、大小和次序的方法。如果样本数据反映出两因素变化的态势（方向、大小、速度等）基本一致，则它们之间的关联度较大；反之，关联度较小。与传统的多因素分析方法（相关、回归等）相比，灰色关联分析对数据要求较低且计算量小便于广泛应用。灰色关联分析法的核心是计算关联度，而原有的关联度计算公式对各样本采用平权处理，客观性较差，不符合某些样本更为重要的实际情况。

6. 数理统计方法

数理统计方法主要是应用其中的主成分分析（principal component analysis）、因子分析（factoranalysis）、聚类分析（cluster analysis）、判别分析（discriminantanalysis）等方法对一些对象进行分类和评价等，该类方法在环境质量、经济效益的综合评价以及工业主体结构的选择等方面得到了应用。数理统计方法是一种不依赖于专家判断的客观方法，优点是可以排除评价中人为因素的干扰和影响，而且比较适宜于评价指标间彼此相关程度较大的对象系统的综合评价方法；不足之处是方法给出的评价结果仅对方案决策或排序比较有效，并不反映现实中评价目标的真实重要性程度，其应用时要求评价对象的各因素须有具体的数据值。

7. 层次分析法

层次分析法（analytic hierarchy process，AHP）是美国运筹学学者 T. L.Saaty 于 20 世纪 70 年代提出的一种对复杂现象的决策思维进行系统化、模型化和数量化的方法。由于层次分析法采用数学的方法在社会、政治、经济、军事、管理等各个领域中得到了极为广泛的应用，也吸引了众多的学者对该决策方法做深入的理论研究，是近年来极为活跃的决策理论研究领域。

层次分析法的基本原理是通过对多种评价方案中的各评价因素进行权重计算和分析，最终将各评价方案（或措施）排出优劣次序，为决策者提供技术依据。具体可描述为：层次分析法首先将决策的问题看作受多种因素影响的大系统，这些相互关联、相互制约的因素可以按照它们之间的隶属关系排成从高到低的若干层次，叫作构造递阶层次结构。该方法以同一层次的各种要素按照上一层要素为准则，请专家、学者、权威人士对各因素两两比较重要性，再利用数学方法计算出各要素的权重，对各因素层层排序，最后对排序结果进行分析，根据综合权重按最大权重原则确定最优方案，辅助进行决策。

3.1.2.3　我国环境污染防治可行技术评估问题分析与对策

经过十几年的实践，环境保护部组织实施的最佳实用技术的评审已经取得了一定的成效，但因受评估模式、管理体制及市场因素的影响，使该工作还仅停留在简单地一个一个技术评选的工作方式，并未起到应有的效果。我国目前环境技术评估工作可能存在的问题如下：

1. 缺乏科学合理、客观公正的评估指标体系

因缺乏科学合理、客观公正的技术评价指标体系，环境污染防治过程中所采用的环境污染防治技术是否先进、是否经济、是否稳定可靠、是否适用等缺少必要的评价标准，因而导致评价出的环境污染防治技术在实用中的使用价值较低。为评价出较为实用的、先进行的、经济可行的环境污染防治技术，就必须首先建立科学合理、客观公正的评价指标体系。

2. 评估方法缺乏科学性

目前主要采用专家评价法来评价清洁生产工艺和污染染物末端治理技术的先进性，只是由专家根据对技术的比较，择优选择，其评审目的不明确，技术应用目标难定，且受专家的主观影响较大，评选出的技术权威性不强。此外，专家的学识、经验、判断和监督制约机制的缺失，也会导致评审工作存在主观偏差，从而使评审结果缺乏科学性和

客观公正性。以政府为主导的专家评议体系已不能满足污染防治可行技术评价要求。专家评议是目前我国技术评价工作中实际应用最为广泛、最具有代表性的一类评价方式，评价结果以定性评价为主。由于专家评议适用范围广，多数情况下能对技术的技术性能、环境影响和经济成本等作出比较客观、科学的定性评价。但由于受专家资源、专家学识和经验的局限以及缺少监督制约机制，在一定程度上影响了评价结果的科学合理性和客观公正性。随着市场经济体系的建立和完善，单一的专家评议体系、技术鉴定已不能满足新形势下对污染防治技术评价的不同需求，亟需建立适应环境管理需要的新污染防治可行技术评价体系。

3. 缺乏成果转化导向的污染防治可行技术评价方法体系研究

从目前开展的不同领域污染防治可行技术评价研究和实际评价应用来看，我国污染防治可行技术评价对象以已经成熟应用或有工程应用案例的技术为主，尚缺乏对处于技术研发阶段的污染防治技术的评价方法体系研究，污染防治可行技术评价在促进技术成果转化方面的作用有待提升，新技术如何通过自我声明纳入技术指南，尚未有明确的规定和评价方法指导。

4. 市场化的污染防治可行技术评价体制尚未建立

从国外科技评价的产生和发展来看，建立"政府指导—第三方机构执行—市场监督"的技术评价运行模式是最为有效的技术评价市场化、社会化运营机制。但随着我国科技评价社会化、市场化的不断发展，我国在大气污染防治技术评价领域尚未建立市场化体制机制，从而导致诸多问题的存在。在技术推广方面，技术评价成果与技术需求者难以对接，技术研发者积极性不高；在环境管理方面，技术汇编、技术目录等文件的更新不及时，政府部门主导开展的技术评价无法全面满足管理需求。

3.2 制糖工业污染预防技术

3.2.1 甘蔗制糖污染预防技术

1. 压榨机轴承冷却水循环回用技术

压榨机轴承冷却水含少量轴承润滑油污及蔗渣，通过压榨机轴承冷却水循环回用系统，冷却水经隔油、沉淀后引入冷却系统，冷却降温后循环回用，循环利用率可达 95%以上，减少废水排放。以广西某日榨量 10 000 t 的糖厂为例，采用压榨机轴承冷却水总投资 20 万元，节约新鲜水约 0.25 万 t/d。根据调查，使用该技术的企业约占甘蔗制糖企业的 83%。

2. 无滤布真空吸滤技术

洗滤布水是制糖工业主要污染源之一，其产生量大、污染物浓度高。无滤布真空吸滤机是由覆盖在转鼓面上并带有微孔的不锈钢滤网作为过滤介质，以掺入泥汁中的蔗渣作为助滤剂进行过滤。当转鼓旋转时，转鼓面不同部位连续受真空抽吸，在过滤表面形成一薄层滤饼，生成的滤饼通过喷成雾状的水洗涤、抽吸后，在一定位置被刮刀刮下，以更新过滤层并进入下一过滤周期，不需要新鲜水清洗滤网。具有吸滤设备结构简单、连续过滤、操作方便的优点。由于不使用滤布，一方面能够减少滤布消耗，节约生产成本；另一方面无洗滤布水产生，节水 30%左右，基本能够实现洗滤布水的零排放，减少70%的洗滤布水污染负荷排放，减少排污费用。根据调查的广西、云南、广东等地区 127 家甘蔗制糖企业，有 112 家企业应用了无滤布真空吸滤机。

3. 喷射雾化式真空冷凝技术

《制糖行业清洁生产水平评价标准》（QB/T 4570—2013）中要求，蒸发、煮糖工段真空系统应使用高效、节能、节水设备。喷射雾化式真空冷凝器为近年来开发的新型产品，主要由水室、喷雾喷嘴、喷射喷嘴、过滤器、排渣扳手、尾管等构成，是一种理想又高效节能的冷凝设备，正逐步取代传统湿式真空冷凝器。该技术在水室四周布满喷雾喷嘴，底部设置喷射喷嘴，冷却水首先进入水室中，从四周的喷雾喷嘴呈雾状喷出，与顶部进入的蔗汁汁汽立即混合，使得冷却水与汁汽的接触面积增大，汁汽迅速凝结成水而形成真空。大量从水室底部呈射流喷出的水可对汁汽中不能凝结的"不凝气"形成抽吸作用，并与凝结的热水通过尾管一起排出。由于喷雾喷嘴装置使汁汽能够快速均匀地凝缩，故总的用水量比传统只有喷射喷嘴的冷凝器节省 25%以上。根据调查，使用该技术的企业约占甘蔗制糖企业的94%。

4. 冷凝器冷凝水循环回用技术

《制糖行业清洁生产水平评价标准》（QB/T 4570—2013）中要求，凝结水全部回收利用，且冷凝器水（包括各种真空冷却用水）应闭合循环利用。甘蔗制糖企业废水主要来自蒸发、煮糖工序的冷凝水，占废水总量的 50%～70%，通过采用高效、节能、节水设备能够减少废水的产生量，降低末端处理的压力。

冷凝器冷凝水循环回用技术是将冷凝器冷凝水排入循环热水池，经冷却塔冷却降温后进入循环冷水池进行回用。但多次循环后，污染物浓度逐渐增大不符合工艺回用水要求，故需从循环冷水池抽取部分冷凝水进行生化处理，达到符合工艺用水要求后回流到循环冷水池继续进行回用。通过采取以上措施，循环回用率可达 95%以上，大大减少了废水外排量，减轻对水环境的压力。根据调查的广西、云南、广东等地区 127 家甘蔗制糖企业，有 107 家企业应用了冷凝器冷凝水循环回用技术。

3.2.2 甜菜制糖污染预防技术

1. 流洗水循环利用技术

流送用水和洗涤用水占制糖车间总排水量和污染负荷的 50%左右。这类废水含有大量的泥沙，只含微量的糖分和有机质，将其固液分离后上清液可回用，泥浆则进一步处理，目前国内常用斜板（管）沉淀池进行固液分离。

流洗水循环系统，是在流送洗涤工序后设置辐流沉淀池，对流洗水进行沉淀泥沙后循环利用。流洗水循环利用，可以减少新水补充量，但伴随循环次数的增加，污染物积累，必须引出部分废水经生化处理后排放，同时补充等量的新水。改变甜菜的水力输送方式或采用干法输送是进一步节水和减少排污量的有效途径。

2. 喷射雾化式真空冷凝技术

同 3.2.1 中相应内容。

3. 真空泵隔板冷凝技术

配套干式逆流的隔板式冷凝器和真空泵，利用隔板式冷凝器将蒸汽冷凝成水，再用真空泵将不凝气体抽走。

4. 冷凝器冷凝水循环回用技术

同 3.2.1 中相应内容。

5. 压粕水回用技术

目前，所有甜菜糖厂均利用废粕生产甜菜颗粒粕，在生产过程中会产生压粕水，如将其排放，会造成糖分的浪费及对环境的污染。因此，一些糖厂建立了封闭式压粕水回收系统。压粕水首先进入一级处理水箱进行初步沉淀，以去除压粕水中粗的杂质，然后由水泵打入旋流除渣器进一步去除水中的胶体颗粒、泥浆、砂、碎粕等，出水直接进入高位水箱，并与新鲜的渗出水通过计量装置按比例分配到渗出器中，整个工艺采用全封闭运行。

压粕水是甜菜制糖工业主要污染源之一，通过对压粕水的回收可以回收大量的热能和糖分，减少废水排放量，起到了节水、节电和降低污染程度的作用。

6. 干法输送技术

干法输送系统采用两级洗涤方式并回收溶于洗涤水中的糖分，不仅减少了用水量，还可以降低污水处理费用。

该技术能够消除湿法输送的水力冲卸和甜菜泵的输送过程对甜菜的冲击和损伤，降低糖分损失约 0.15%；能够降低甜菜破损程度，甜菜在水中停留时间短、带土量少，流送水中的化学需氧量浓度和悬浮物浓度低，最终化学需氧量减排可达 20%；由于采用除土装置，甜菜带土大幅减少，能够提高流洗水循环利用率，菜水比由湿法输送的 1：7 可降为 1：5，节约新鲜水消耗 30%。

3.3　制糖工业污染治理技术

3.3.1　甘蔗制糖污染物治理技术

3.3.1.1　甘蔗制糖水污染物治理技术

　　甘蔗制糖废水处理工艺有两种：① 水解酸化+好氧处理；② 厌氧处理+好氧处理。当甘蔗制糖废水 COD_{Cr} 在 1 500 mg/L 以下时，通常采用技术①，当甘蔗制糖企业同时生成糖蜜酒精，或 COD_{Cr} 大于 1 500 mg/L 时，宜采用技术②。

　　技术① 主要组成单元有格栅、调节池、水解酸化池、好氧处理池、深度处理池、污泥浓缩脱水车间和事故池，处理工艺流程如图 3-1 所示，主要处理单元为水解酸化处理和

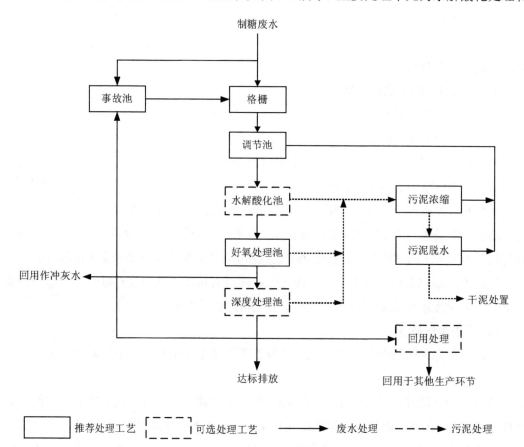

图 3-1　水解酸化+好氧处理工艺流程

好氧处理。水解酸化处理单元主要由一些兼性厌氧菌（如梭状芽孢杆菌、厌氧消化球菌、大肠杆菌等）先将大分子、难溶解的有机物分解成小分子、易溶解有机物，然后再渗入细胞体内分解成易挥发的有机酸、醇、醛等，具有去除废水中的 COD 和提高废水可生化性的作用，但当废水 COD_{Cr} 小于 500 mg/L 时，可取消水解酸化处理单元。水解酸化池内宜设置生物填料，且悬挂式生物调料的总量宜大于池容的 70%，悬浮式生物填料的总量宜大于池容的 40%。污水经过水解酸化作用后进入好氧处理单元，当这些经缺氧水解的产物进入好氧处理单元，在缺氧段异养菌将蛋白质、脂肪等污染物进行氨化（有机链上的 N 或氨基酸中的氨基）游离出氨（NH_3、NH_4^+）；在好氧段，自养菌的硝化作用将 NH_3-N（NH_4^+）氧化为 NO_3^-，通过回流控制返回至缺氧段池。在缺氧条件下，异氧菌的反硝化作用将 NO_3^- 还原为分子态氮（N_2）完成 C、N、O 在生态中的循环。通过好氧微生物（包括兼性微生物），在有氧气存在的条件下进行生物代谢以降解有机物，好氧处理单元能从污水中去除溶解性的和胶体状态的可生化有机物以及能被活性污泥吸附的悬浮固体和其他一些物质，同时也能去除一部分磷素和氮素。好氧处理单元可采用活性污泥法中的普通曝气法、氧化沟活性污泥法、序批式活性污泥法（SBR）、生物接触氧化法等。

技术② 主要组成单元有格栅、调节池、厌氧处理池、好氧处理池、深度处理池、污泥浓缩脱水车间和事故池组成，处理工艺流程如图 3-2 所示，主要处理单元为厌氧处理和好氧处理。厌氧生物处理单元在厌氧状态下，污水中的有机物被厌氧细菌分解、代谢和消化，使得污水中的有机物含量大幅减少，同时产生沼气。一般厌氧发酵过程可分为四个阶段，即水解阶段、酸化阶段、酸衰退阶段和甲烷化阶段。水解阶段复杂的非溶解性的聚合物被转化为简单的溶解性单体或二聚体；发酵（或酸化）阶段是有机物化合物既作为电子受体也是电子供体的生物降解过程，在此过程中溶解性有机物被转化为以挥发性脂肪酸为主的末端产物；在酸衰退阶段，氢产乙酸菌将上一阶段的产物进一步转化为乙酸、氢气、碳酸以及新的细胞物质；在甲烷化阶段，乙酸、氢气、碳酸、甲酸和甲醇被转化为甲烷、二氧化碳和新的细胞物质，对高浓度有机废水具有很好的处理效果。厌氧处理单元可采用厌氧污泥床（UASB）或厌氧生物滤池（AF），温度 35~38℃即可达到较好的厌氧消化效果，但当厌氧处理池进水 COD_{Cr} 大于 5 000 mg/L 时，宜分成两段串联运行，厌氧池应配套沼气安全燃烧或净化利用系统。好氧处理单元同技术①。

当废水排放标准执行 GB 21909—2008 中的"水污染物特别排放限值"或对其他排放水悬浮物指标要求较严的场合、废水总磷浓度较高，好氧处理的生物除磷无法满足要求或废水污染物浓度远高于常规制糖废水水质范围时，根据水质要求及排放标准，进行深度处理。深度处理可采用过滤、混凝沉淀（或澄清）、活性炭吸附等工艺或工艺组合。

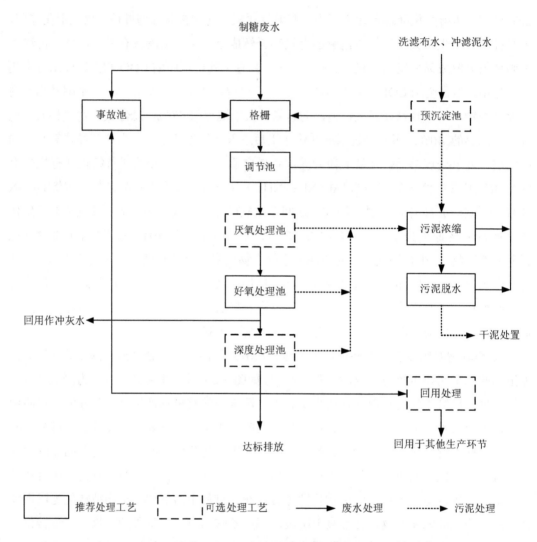

图 3-2 厌氧+好氧处理工艺流程

案例一：广西某糖厂日榨蔗能力为 4 000 t，废水处理系统采用活性污泥法工艺，总投资 1 700 万元，主要建筑有调节池、曝气池、沉淀池和污泥池。使用该技术期间，进水 COD_{Cr} 浓度为 400 mg/L，氨氮浓度为 6 mg/L；出水 COD_{Cr} 浓度为 25 mg/L，氨氮浓度为 0.366 mg/L，远低于广西壮族自治区地方标准《甘蔗制糖工业水污染物排放标准》（DB 45/893—2013）排放限值要求。

案例二：广西某糖厂日榨蔗能力为 8 200 t，废水处理系统采用氧化沟生化处理工艺，总投资 1 493.52 万元，主要建筑有循环池、氧化沟、沉淀池和清水池。使用该技术期间，进水 COD_{Cr} 浓度为 377 mg/L，氨氮浓度为 12 mg/L；出水 COD_{Cr} 浓度为 28.39 mg/L，氨氮浓度为 0.33 mg/L，远低于广西壮族自治区地方标准《甘蔗制糖工业水污染物排放标准》

（DB 45/893—2013）排放限值要求。

案例三：广西某糖厂日榨蔗能力为 4 000 t，废水处理系统采用厌氧+好氧法处理工艺，总投资 1 036 万元，主要建筑有调节池、厌氧池、好氧池、沉淀池。使用该技术期间，进水 COD_{Cr} 浓度为 600 mg/L，氨氮浓度为 13 mg/L；出水 COD_{Cr} 浓度为 30 mg/L，氨氮浓度为 0.8 mg/L，远低于广西壮族自治区地方标准《甘蔗制糖工业水污染物排放标准》（DB 45/893—2013）排放限值要求。

3.3.1.2　甘蔗制糖废气治理技术

甘蔗制糖废气主要控制技术如下：

1. SO_2

甘蔗制糖废气一般采用"双碱法脱硫工艺"对锅炉燃煤产生的 SO_2 进行吸收（图 3-3）。钙钠双碱法脱硫工艺，简称双碱脱硫工艺，是一种有效的废气脱硫工艺。该方法是先用钠碱性吸收液（一般为 NaOH 或 Na_2CO_3 水溶液）对烟气中的硫进行吸收，钠基吸收液对 SO_2 反应速度较快，故有较小的液气比，可达到较高的脱硫效率，然后再用石灰粉（CaO）再生脱硫液，由于整个反应过程是在液气相之间进行，避免了系统结垢问题，而且吸收速率高，液气比低，吸收剂利用率高，投资费用省，运行成本低。

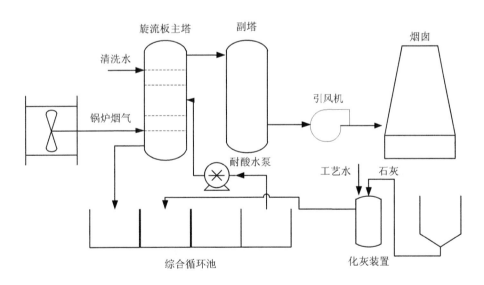

图 3-3　双碱法脱硫工艺流程

该工艺主要设备为脱硫塔，废气经烟道从塔底进入脱硫塔，在脱硫塔内布置若干层数十支喷嘴，喷出细微液滴雾化均布于脱硫塔内，烟气与喷淋脱硫液进行充分汽液混合接触，使烟气中 SO_2 和灰尘被脱硫液充分吸收、反应，达到脱尘除 SO_2 的目的。经脱硫洗涤后的净烟气经塔顶除雾器脱水，经脱硫塔上部进入烟囱排入大气。脱硫循环液经塔内气液接触除 SO_2 后，经塔底管道流入沉淀池在此将灰尘沉淀下来，清液经上部溢进反应再生池，在池内与石灰乳液制备槽引来的石灰乳进行再生反应，再生液流入泵前循环槽补入 Na_2CO_3，由泵打入脱硫塔顶脱除 SO_2 循环使用。其中，再生产出的 $CaSO_3$ 及烟气中过剩氧生成的 $CaSO_4$ 于沉淀池中沉淀分离。

很多甘蔗制糖企业通过完全使用甘蔗渣替代燃煤，以减少 SO_2 的产生和排放。蔗渣含有木纤维，容易燃烧，作为锅炉燃料使用，一方面可以节省大量的燃料煤，节约购买燃煤的成本，减少燃煤厂房的建设费用；另一方面，蔗渣的灰分含量一般不到 2%，并且不含硫，避免了燃煤锅炉常见的 SO_2 超标的问题。

2. NO_x

去除 NO_x 采用的方法：① 低氮燃烧技术；② 选择性催化还原（SCR）技术；③ 选择性非催化还原（SNCR）技术。但目前这些技术在甘蔗制糖企业中的运用仍处于调试阶段。

技术① 基于控制燃烧区域的温度和空气量，达到阻止 NO_x 生成及降低其排放的目的。具体来说，是通过调整烟气中的氧浓度、烟气在高温区的停留时间等方法来抑制 NO 的生成或破坏已生成的 NO_x。低氮燃烧技术的方法很多，常用的有排烟再循环法和二段燃烧法，其中排烟再循环法利用一部分温度较低的烟气返回燃烧区，其含氧量较低，从而降低燃烧区的温度和氧浓度，抑制氮氧化物的生成，此法对温度型 NO_x 比较有效，对燃烧型 NO_x 处理效果有限。二段燃烧法将燃料的燃烧过程分阶段来完成，第一阶段燃烧中，只将总燃烧空气量的 70%～75%（理论空气量的 80%）供入炉膛，使燃料先在缺氧的富燃料条件下燃烧，由于富燃料缺氧，该区的燃料只能部分燃烧（含氧量不足），降低了燃烧区内的烘干速度和温度水平，能抑制 NO_x 的生成；第二阶段通入足量的空气，使剩余燃料燃尽，此段中氧气过量，但温度低，生成的 NO_x 也较少，这种方法可使烟气中的 NO_x 减少 25%～50%。

技术② 是利用还原剂（NH_3）在金属催化剂的作用下，选择性地与 NO_x 反应生成 N_2 和 H_2O，而不是被 O_2 氧化，故称为"选择性"。工艺主要分为氨法 SCR 和尿素法 SCR 两种，此两种方法都是利用氨对 NO_x 的还原功能，在催化剂的作用下将 NO_x（主要是 NO）还原为对大气影响较小的 N_2 和水，还原剂为 NH_3。在 SCR 中使用的催化剂大多以 TiO_2 为载体，以 V_2O_5、$V_2O_5WO_3$、$V_2O_5MoO_3$ 为活性成分，载体制成蜂窝式、板式或波纹式三种类型。该法脱硝效率高，价格相对低廉，广泛应用在国内外工程中，成为炉后烟气脱硝的主流技术。

SCR 系统由氨供应系统、氨气/空气喷射系统、催化反应系统以及控制系统等组成（图 3-4），为避免烟气再加热消耗能量，一般将 SCR 反应器置于省煤器后、空气预热器之前，即高尘段布置。氨气在空气预热器前的水平管道上加入，并与烟气混合。催化反应系统是 SCR 工艺的核心，设有 NH₃ 的喷嘴和粉煤灰的吹扫装置，烟气顺着烟道进入装载了催化剂的 SCR 反应器，在催化剂的表面发生 NH₃ 催化，还原成 N₂。催化剂是整个 SCR 系统的关键，催化剂的设计和选择是由烟气条件、组分来确定的，影响其设计的三个相互作用的因素是 NO$_x$ 脱除率、NH₃ 的逃逸率和催化剂体积。

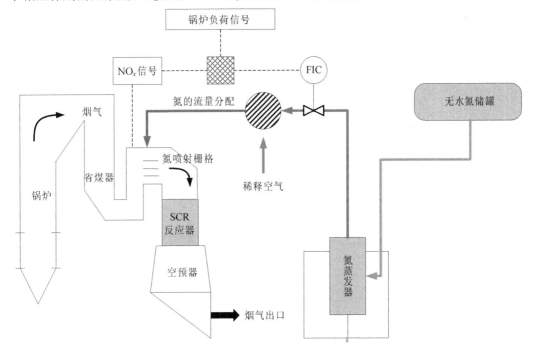

图 3-4　选择性催化还原（SCR）技术工艺流程

　　技术③ 是在不采用催化剂的情况下，在燃烧炉膛内烟气适宜温度处均匀喷入氨或尿素等氨基还原剂，还原剂在炉内迅速分解，与烟气中的 NO$_x$ 反应生成 N₂ 和 H₂O（该反应基本不与烟气中的氧气发生作用），还原剂以氨水（尿素溶液）为主。SNCR 系统烟气脱硝过程主要由四个方面组成：还原剂储存系统，还原剂、空气计量系统，炉区喷射系统和辅助设备系统。20%氨水溶液（若尿素需增加制备模块，制成尿素溶液）经输送化工泵送至静态混合器，与稀释水模块送过来的软化水进行定量的混合配比，通过计量分配装置准确分配到每个喷枪，然后经过喷枪喷入炉膛，实现脱硝反应，从而达到脱硝目的。

　　3. 烟尘

　　甘蔗制糖废气烟尘的有效处理方式主要有三种：① 水膜除尘；② 静电除尘；③ 布袋除尘。经过除尘器除尘，可达到排放标准。

　　技术① 是一种依靠强大的离心力作用把烟尘中的尘粒甩向水膜壁，被侧壁不断流下的水冲走，从而除掉尘粒的常见除尘设备（图 3-5）。设备由文丘里管、筒体、栅板、轻质浮球、喷嘴、除雾器等组成，含尘气体首先进入文丘里管，在文丘里管内由于喉部的缩放作用，烟气流速下降，再由筒体下部顺切向引入，旋转上升，尘粒受离心力作用而被分离，抛向筒体内壁，被筒体内壁流动的水膜层所吸附，随水流到底部锥体，经排尘口卸出。水膜层的形成是由布置在筒体的上部几个喷嘴将水顺切向喷至器壁。这样，在筒体内壁始终覆盖一层旋转向下流动的很薄的水膜，达到提高除尘效果的目的。该工艺设备具有价格便宜，操作和维护方便的优点。

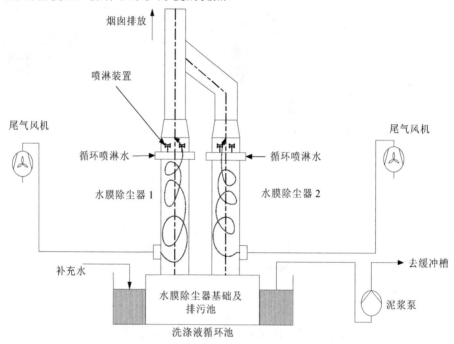

图 3-5 水膜除尘工艺流程

技术②采用电离力，当含尘气体通过高压静电场时被电分离，尘粒与负离子结合带上负电后，趋向阳极表面放电而沉积，是利用静电场使气体电离从而使尘粒带电吸附到电极上的收尘方法。静电除尘器包括钢结构外壳、阴极（电晕极）及其振打装置、阳极（沉淀极）及其振打装置、静电除尘器保温装置、静电除尘器气流分布装置。系统由两大部分组成，一部分是电除尘器本体系统，另一部分是提供高压直流电的供电装置和低压自动控制系统。高压供电系统为升压变压器供电，除尘器集尘极接地，低压电控制系统用来控制电磁振打锤、卸灰电极、输灰电极以及几个部件的温度。在强电场中空气分子被电离为正离子和电子，电子奔向正极过程中遇到尘粒，使尘粒带负电吸附到正极被收集。根据甘蔗渣燃烧后粉尘质量轻、黏性大、易堆积起拱及容易结焦的特点，蔗渣锅炉灰斗设计宜采用船型灰斗，增大出灰口面积，从而避免灰斗积灰。静电除尘器电场是整台除尘器的核心部件，决定了收尘效率和除尘效果。正确选择集尘极板和阴极线是用好静电除尘器的关键。

技术③是一种干式除尘装置,它适用于捕集细小、干燥的非纤维性粉尘。滤袋采用纺织的滤布或非纺织的毡制成,利用纤维织物的过滤作用对含尘气体进行过滤,当含尘气体进入布袋除尘器,颗粒大、比重大的粉尘,由于重力的作用沉降下来,落入灰斗;含有较细小粉尘的气体在通过滤料时,粉尘被阻留,使气体得到净化。该装置的主要结构包括除尘器出灰斗、进排风道、过滤室(中、下箱体)、卫生室、滤袋及结构(袋笼骨)、手动进风阀,气动蝶阀、脉冲清灰组织等。含尘气流从下部孔板进入圆筒形滤袋内,在通过滤料的孔隙时,粉尘被捕集于滤料上,透过滤料的清洁气体由排出口排出。沉积在滤料上的粉尘,可在机械振动的作用下从滤料表面脱落,落入灰斗中。

企业应用新技术案例如下:

案例一:广东某糖厂日榨能力 4 000 t,甘蔗锅炉规格为 35 t/h,锅炉燃料采用蔗渣生物质能源,采用 SCR 脱硝技术,烟气使用静电除尘器进行处理,设计处理烟气量 100 000 m^3/h,入口烟气温度 150℃,入口粉尘浓度 5 g/Nm^3,除尘器有效断面积 40 m^2,电场数 3。由于甘蔗渣燃烧后烟气腐蚀性强,粉尘黏附性大,阳极板选用性能优良的冷轧 C480 极板,阴极线采用 304 不锈钢 RS 芒刺线,设计烟气流速 0.7 m/s。设备投运后,除尘器运行稳定,使用效果良好,烟气出口粉尘排放浓度为 10 mg/m^3,NO_x 浓度为 85 mg/m^3,SO_2 浓度为 30 mg/m^3,低于广东省地方标准《锅炉大气污染物排放标准》(DB 44/765—2019)排放限值要求。

案例二:广西某糖厂日榨能力 8 000 t,甘蔗锅炉规格为 65 t/h,锅炉燃料采用蔗渣生物质能源,采用低氮燃烧技术+SNCR 脱硝技术,烟气使用布袋除尘器进行处理,设计处理烟气量 180 000 m^3,入口烟气温度 120℃,入口 NO_x 浓度 5 g/Nm^3。低氮燃烧段将锅炉底部、中部和上部进行分级燃烧,将温度控制在燃料型、热力型生产 NO_x 的温度以下,锅炉增加外置低 NO_x 混合燃烧机,火焰温度控制在 900~1 000℃,将氨水加入低 NO_x 混合燃烧机火焰喷口处,通过分布装置一同喷入炉膛,使之与氮氧化物在烟气中反应。出口烟气经布袋除尘器后,烟气出口粉尘排放浓度为 9.4 mg/m^3,NO_x 浓度为 70 mg/m^3,SO_2 浓度为 11 mg/m^3,低于《火电厂大气污染物排放标准》(GB 13223—2011)排放限值要求。

3.3.1.3　甘蔗制糖固体废物治理技术

甘蔗制糖生产固体废物以综合利用为主要手段,通过多种途径有效地防治二次污染。

1. 蔗渣

蔗渣主要用作锅炉燃料,蔗渣是甘蔗副产物,一般含有 10%~30%的水分及大约 20%的木质素。由于精炼处理可以提高糖品的效能,而精炼后所留下的甘蔗的压碎、含纤维性梗物的蔗渣，是一种清洁的生物质能源，可供制糖企业替代锅炉燃煤，也可将蔗渣外售用作制浆造纸、人造板、绿色环保餐具和包装材料等原料。

2. 最终糖蜜

最终糖蜜有机物含量很高，可用于生产酒精、饲料、复合肥、酵母、柠檬酸、味精等产品。制糖企业主要通过自产或外卖进行综合利用，其中绝大多数企业用于生产酒精，对最终糖蜜的处理关键在于解决糖蜜酒精废液的二次污染。最终糖蜜生成酒精的发酵过程，机理实质是酵母菌在酸性缺氧条件下，并且有无机态磷酸及镁离子、钾离子等存在时，分泌出各种酶所引起的酶促过程。该过程分为四个阶段：第一阶段为糖的活化，葡糖糖磷酸化生成活泼的磷酸果糖，第二阶段活化的果糖分裂为磷酸丙糖，第三阶段经氧化脱氢作用并磷酸化成丙酮酸，第四阶段由酵母菌在无氧条件下，将丙酮酸降解产生乙醇。

生产工艺流程如图 3-6 所示，酵母菌菌体内的蔗糖酶先将最终糖蜜中的剩余蔗糖水解为可发酵性单糖，然后经酵母菌体活细胞内的酒化酶作用，生成乙醇和二氧化碳，最终通过细胞质膜将这些产物排泄出来。

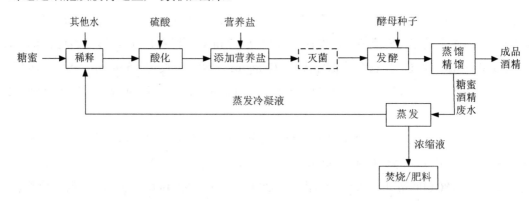

图 3-6 最终糖蜜综合利用生产酒精工艺流程

此外，最终糖蜜也可用于生产乳酸、化工、医药中间体或胶黏剂等高附加值的产品，但目前仍处于实验室研究阶段。

3. 滤泥

不同的制糖工艺所产生的滤泥成分不同，其中，亚硫酸法生产工艺滤泥主要成分为 $CaSO_4$，可用于生产有机肥料；碳酸法滤泥主要成分是 CaO，pH 为弱酸性，难以综合利用，一般作无害化填埋处理。

4. 炉渣

炉渣是指燃煤中的矿物质在炉内燃烧而造成的高温作用下，经受了一定的物理化学变化后所形成的最终产物。炉渣在锅炉中会引起炉内玷污、结渣、腐蚀以及受热面磨损等问题，影响锅炉的正常运行，必须及时有效地进行清除。燃煤锅炉灰渣一般用作水泥、免烧砖等建材的原料，蔗渣锅炉灰渣钾含量高，也适用于生产肥料（钾肥）。

案例：云南某糖厂为亚硫酸法制糖，日榨能力 7 000 t，年产白砂糖约 12 万 t，年蔗渣产生量约为 21 万 t，最终糖蜜产生量约为 2.5 万 t，滤泥产生量约为 9 万 t，炉渣产生量约为 2 300 t。企业将上述废物全部进行综合利用，蔗渣外售造纸厂做纸浆原料，蔗髓送锅炉作燃料，最终糖蜜生产酒精，滤泥及炉渣外售。企业生产酒精 5 000 t，年节约煤约 1.1 万 t，企业固体废物资源综合利用均达到 100%，满足《云南省甘蔗制糖行业清洁生产评价指标体系（征求意见稿）》先进水平指标值。

3.3.2 甜菜制糖污染物治理技术

3.3.2.1 甜菜制糖水污染物治理技术

由于原料的洗涤、流送、渗出等工序，高浓度的泥沙悬浮物含量较高。一般生产排放废水在 2 000 mg/L 左右，生产后期在 3 500 mg/L 以上的情况也经常出现，加之甜菜流送工序泥沙含量较大，对废水的预处理工序要求较高。废水处理工艺一般采用"预处理+厌氧处理+好氧处理+沉淀+气浮"（图 3-7）。

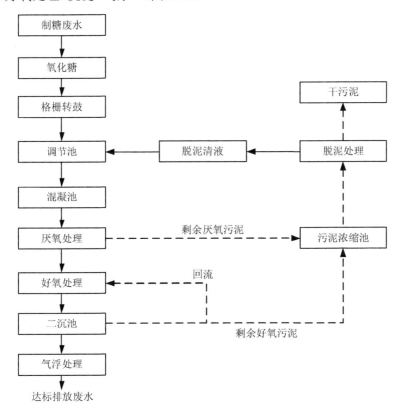

图 3-7 甜菜糖废水处理"厌氧+好氧"工艺流程

预处理单元主要是去除甜菜制糖废水中的泥沙等悬浮物,即 SS。甜菜制糖流洗工序反复循环使用的洗涤甜菜废水中富含泥沙等悬浮物质,SS 含量浓度在 10～60 g/L。制糖目前主要是采用氧化塘进行自然沉淀,采用转鼓格栅辅助过滤进行除杂。为增加澄清效果,有的企业还设置混凝池进行再次沉淀,确保进生化系统前的废水 SS 合格。

废水的厌氧生物处理是在断绝供氧的条件下,利用厌氧微生物的生命活动过程,使废水中的有机物转化成较简单的有机物和无机物,在工程上称为废水的厌氧生物处理。有机物的厌氧分解过程分为两个阶段:第一阶段,产酸细菌把存在于废水中的复杂有机物转化成较简单的有机物(如有机酸、醇类等)和 CO_2、NH_3、H_2S 等无机物;第二阶段,甲烷细菌接着将简单的有机物分解成甲烷和 CO_2 等。

在充分供氧的条件下,利用好氧微生物的生命活动过程,将有机污染物氧化分解成较稳定的无机物,在工程上称为废水的好氧生物处理。主要是依靠微生物的吸附和代谢作用,最后通过泥、水分离过程来完成。活性污泥或生物膜中的微生物,在供氧的条件下,将污水中的一部分有机物用于合成新的细胞,将另一部分有机物进行分解代谢以获得细胞合成所需的能量;其最终产物是 CO_2 和 H_2O 等稳定物质。在这种合成代谢与分解代谢的过程中,溶解性有机物(如低分子有机酸等易降解物质)直接进入细胞内部被利用,而非溶解性有机物则首先被吸附在微生物表面被酶水解后,进入细胞内部被利用。由此可见,微生物的好氧代谢对污水中的溶解性有机物和非溶解性有机物都能起到作用,其代谢产物是无害的稳定物质,因此,可以大幅降低处理后污水中的残余 COD 浓度。

通过该工艺,企业可实现达标排放。企业应用案例如下:

案例一:新疆某糖厂日处理甜菜 2 250 t,废水处理系统采用"机械格栅过滤+辐流沉淀+升流式厌氧污泥床+活性污泥法+辐流式沉淀"工艺,总投资 1 427 万元,主要建筑有预沉池、调节池、厌氧池、好氧池和二沉池。使用该技术期间,进水 COD_{Cr} 浓度为 2 200 mg/L,氨氮浓度为 50 mg/L;出水 COD_{Cr} 浓度为 60 mg/L,氨氮浓度为 1.85 mg/L,符合《制糖工业水污染排放标准》(GB 21909—2008)中规定的排放限值要求。

案例二:新疆某糖厂日处理甜菜 1 500 t,废水处理系统采用"机械格栅过滤+辐流沉淀+水解酸化+上流式污泥床—过滤器+活性污泥法+辐流式沉淀"工艺,总投资 1 227 万元,主要建筑有预沉池、调节池、厌氧池、好氧池和二沉池。使用该技术期间,进水 COD_{Cr} 浓度为 2 500 mg/L,氨氮浓度为 40 mg/L;出水 COD_{Cr} 浓度为 50 mg/L,氨氮浓度为 2.08 mg/L,符合《制糖工业水污染排放标准》(GB 21909—2008)中规定的排放限值要求。

案例三:新疆某糖厂日处理甜菜 3 000 t,废水处理系统采用"机械格栅+平流式沉淀+水解酸化+活性污泥法+辐流式沉淀"工艺,总投资 1 500 万元,主要建筑有预沉池、调节池、厌氧池、好氧池和二沉池。使用该技术期间,进水 COD_{Cr} 浓度为 4 000 mg/L,氨氮浓度为 28 mg/L；出水 COD_{Cr} 浓度为 90 mg/L，氨氮浓度为 7 mg/L，符合《制糖工业水污染排放标准》（GB 21909—2008）中规定的排放限值要求。

3.3.2.2　甜菜制糖废气治理技术

1. 动力锅炉布袋除尘

甜菜糖目前一般采用布袋除尘工艺。袋式除尘器是一种高效干式除尘器。它依靠纤维滤料做成的滤袋及滤袋表面上形成的粉尘层来净化气体。对于一般工业中的粉尘，其除尘效率均可达到 99%以上。由于新的合成纤维滤料的出现、清灰方法的不断改进、整体价格的下降以及自动控制和检测装置的使用，袋式除尘器得到迅速发展应用，已成为各类高效除尘设备中最富竞争力、应用最广最多的一种除尘设备。通常含尘气流从下部进入圆筒形滤袋，在通过滤料的孔隙时，粉尘被滤料阻留下来，透过滤料的清洁气流由排出口排出。沉积于滤料上的粉尘层，在压缩空气喷吹振打的作用下从滤料表面脱落下来，落入灰斗中。中粮集团旗下所有工厂全部采用此法烟气除尘。

2. 动力锅炉烟气脱硫

甜菜糖目前一般采用双碱法进行脱硫，它先用易溶的钠碱性清液作为吸收剂吸收 SO_2，然后再用石灰乳吸收液进行再生。吸收液在反应塔内喷淋逆向与气体充分接触反应，反应后的水滴靠重力作用沉降下来，形成的脱硫浆液从塔釜排入沉灰池与石灰乳液反应沉淀，上清液经循环泵打入吸收塔，整个浆液循环系统闭路循环。工艺流程如图 3-8 所示。

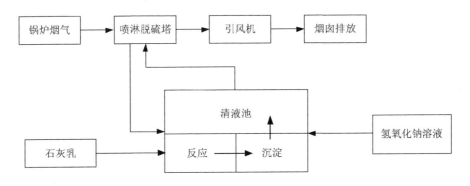

图 3-8　甜菜糖烟气"双碱法脱硫"工艺流程

工艺流程是 NaOH 溶液通过碱液泵送入循环池，再通过循环泵将碱液送到脱硫塔进行中和脱硫反应。消石灰按一定比例加水配制成一定浓度的吸收剂氢氧化钙 $[Ca(OH)_2]$ 浆液，再由石灰浆液泵送入反应池，进行再生反应。循环液从脱硫塔底排入沉淀池沉淀后自流进反应池中加入氢氧化钙，氢氧化钙在沉淀反应池内发生如下再生反应：

沉淀池沉下的灰及反应产物石膏通过抓斗吊走外运或做其他处理。循环液中再生得到的 NaOH 可重复使用。脱硫效率高达 90%～95%，技术成熟，运行稳定。中粮集团旗下甜菜制糖公司烟气脱硫基本采用此工艺。

制糖滤泥碳酸钙的含量大约在 84.13%，因此，实际上滤泥基本就是碳酸钙，可以用在脱硫工艺中。目前中粮集团已经利用滤泥脱硫在一家公司改造成功。

3．动力锅炉烟气脱硝

甜菜糖目前一般采用 SNCR 工艺进行脱硫，SNCR 工艺是一种不用催化剂还原 NO_x 的方法。把含有 NH_x 基的还原剂（如氨气、氨水或者尿素等）喷入炉膛温度为 800～1 200℃的区域，随后 NH_3 与烟气中的 NO_x 进行反应生成 N_2，从而减少烟气中氮氧化物的排放。

尿素溶液（质量浓度 30%～50%）经过稀释后通过雾化喷射系统直接喷入炉膛合适温度区（850～1 150℃），雾化后的氨与 NO_x（NO、NO_2 等混合物）进行选择性非催化还原反应，将 NO_x 转化成无污染的 N_2。中粮集团目前工厂全部采用此法进行脱硝。

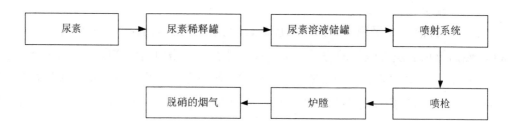

图 3-9 甜菜糖烟气处理"SNCR 脱硝"工艺流程

4．颗粒粕燃烧炉烟气

颗粒粕燃烧烟气排放执行《工业炉窑大气污染物排放标准》（GB 9078—1996），该标准规定颗粒物排放标准为 200 mg/m³；二氧化硫排放标准为 850 mg/m³；氮氧化物排放标准没有规定。

目前，颗粒粕燃烧炉配套旋风分离器对烟气进行除尘，没有配套脱硫、脱硝设施。颗粒粕燃烧烟气实际排放大致的情况是：颗粒物含量 120 mg/m³ 左右；SO_2 含量 360 mg/m³ 左右；NO_x 含量 250 mg/m³ 左右。颗粒粕燃烧率可以满足目前标准下的达标排放。

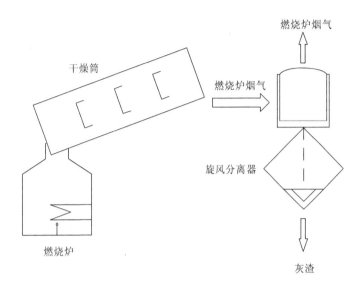

图 3-10 颗粒粕燃烧炉除尘流程

3.3.2.3 甜菜制糖固体废物治理技术

甜菜制糖固体废物主要有废丝、最终糖蜜、滤泥和锅炉灰渣。主要的处理以综合利用为主。

1. 废甜菜丝的资源化

废甜菜丝可制成颗粒粕，作为饲料进行销售市场行情较好。废甜菜丝通过压榨机压榨成压粕，进入颗粒粕车间进行干燥造粒制成颗粒粕。废甜菜丝生产颗粒粕工艺流程见图 3-11。

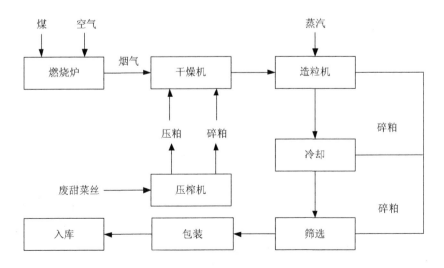

图 3-11 废甜菜丝处理工艺流程

2．废糖蜜资源化

目前绝大多数糖厂都利用最终糖蜜作为原料生产酒精，也有少数糖厂利用其生产味精、柠檬酸、酵母等。

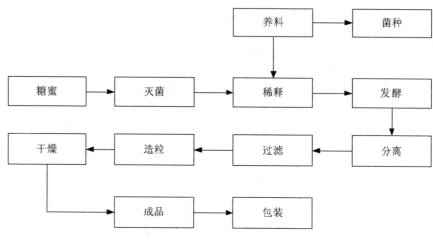

图 3-12　酵母生产工艺简介

3．滤泥、炉渣

滤泥、炉渣等固体废物的处理方式有外卖水泥厂；外卖基建施工单位道路、宅基地基础铺垫；固体废物堆场进行填埋等。

3.4　制糖工业污染防治可行技术

3.4.1　甘蔗制糖污染防治可行技术

3.4.1.1　甘蔗制糖废水污染防治可行技术

1．甘蔗制糖废水污染防治可行技术 1

甘蔗制糖废水污染防治可行技术 1 为"① 提汁工序压榨机轴承冷却水循环回用+② 清净工序无滤布真空吸滤+③ 蒸发煮糖工序喷射雾化式真空冷凝+④ 蒸发煮糖工序冷凝器冷凝水循环回用"污染预防技术与"① 格栅+② 调节池+③ 沉淀池+④ 水解酸化+⑤ 常规活性污泥法"末端治理技术的组合。127 家甘蔗制糖企业调研数据显示，105 家采用了压榨机轴承冷却水循环回用技术，112 家采用了无滤布真空吸滤技术，119 家采用了喷射雾化式真空冷凝技术，107 家采用了冷凝器冷凝水循环回用技术。采用该末端治理技术的企业共有 26 家，在调查企业中占比约 25%。

考虑地区、工艺、规模等因素，从中选择 3 家云南亚硫酸法制糖企业作为工程实例。企业情况如表 3-1 所示。

表 3-1　甘蔗制糖废水污染防治可行技术 1 工程实例

企业	A	B	C
规模/（t/d）	1 500	5 000	7 000
COD_{Cr}/（mg/L）	30.5	18.28	38.67
BOD_5/（mg/L）	10.00	1.75	6.00
悬浮物/（mg/L）	35.50	6.14	43.33
氨氮/（mg/L）	1.98	0.12	0.15
总氮/（mg/L）	2.70	6.60	1.58
总磷/（mg/L）	0.07	0.07	0.04

甘蔗制糖废水污染防治可行技术 1 样本数据为 73 个，由对应的箱线图（图 3-13）可得，各污染物指标排放浓度范围分别为 COD_{Cr} 10～45 mg/L、BOD_5 2～15 mg/L、悬浮物 10～40 mg/L、氨氮 0.1～6.0 mg/L、总氮 0.5～10.0 mg/L、总磷 0.05～0.30 mg/L。

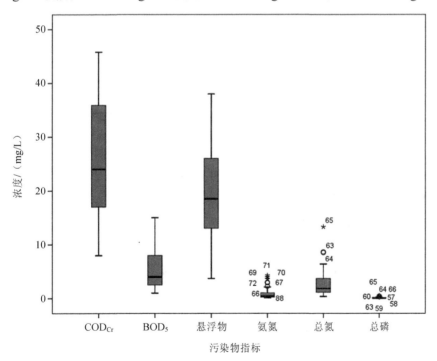

图 3-13　甘蔗制糖废水污染防治可行技术 1 对应的污染物浓度

2. 甘蔗制糖废水污染防治可行技术 2

甘蔗制糖废水污染防治可行技术 2 为"① 提汁工序压榨机轴承冷却水循环回用+② 清净工序无滤布真空吸滤+③ 蒸发煮糖工序喷射雾化式真空冷凝+④ 蒸发煮糖工序冷凝器冷凝水循环回用"污染预防技术与"① 格栅+② 调节池+③ 沉淀池+④ 水解酸化+⑤ 序批式活性污泥法"末端治理技术的组合。127 家甘蔗制糖企业调研数据显示，105 家采用了压榨机轴承冷却水循环回用技术，112 家采用了无滤布真空吸滤技术，119 家采用了喷射雾化式真空冷凝技术，107 家采用了冷凝器冷凝水循环回用技术。采用该末端治理技术的企业共 2 家，在调查企业中占比约 2%。以广西采用亚硫酸法制糖的 2 家企业作为工程实例。企业情况如表 3-2 所示。

表 3-2　甘蔗制糖废水污染防治可行技术 2 工程实例

企业	A	B
规模/（t/d）	3 000	3 500
COD_{Cr}/（mg/L）	24.96	19
BOD_5/（mg/L）	7.5	2.2
悬浮物/（mg/L）	14	13
氨氮/（mg/L）	0.51	0.38
总氮/（mg/L）	3.02	1.22
总磷/（mg/L）	0.31	0.05

甘蔗制糖废水污染防治可行技术 2 对应样本数据无异常值，由所得的箱线图（图 3-14）可得，各污染物指标排放浓度范围分别为 COD_{Cr} 20～50 mg/L、BOD_5 2～10 mg/L、悬浮物 10～30 mg/L、氨氮 0.5～6.0 mg/L、总氮 1～8.0 mg/L、总磷 0.05～0.30 mg/L。

3. 甘蔗制糖废水污染防治可行技术 3

甘蔗制糖废水污染防治可行技术 3 为"① 提汁工序压榨机轴承冷却水循环回用+② 蒸发煮糖工序冷凝器冷凝水循环回用"污染预防技术与"① 格栅+② 调节池+③ 沉淀池+④ 氧化沟"末端治理技术的组合。127 家甘蔗制糖企业调研数据显示，105 家采用了压榨机轴承冷却水循环回用技术，107 家采用了冷凝器冷凝水循环回用技术。采用该末端治理技术的企业共 4 家，在调查企业中占比约为 4%。

考虑地区、工艺、规模等因素，从中选择 3 家广西亚硫酸法制糖企业作为工程实例。企业情况如表 3-3 所示。

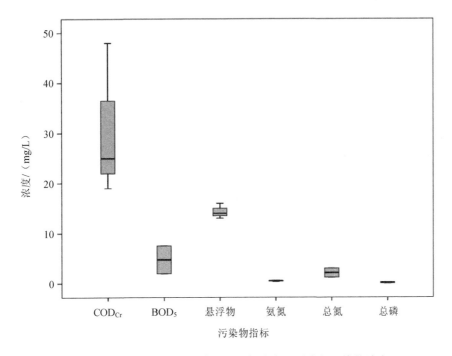

图 3-14 甘蔗制糖废水污染防治可行技术 2 对应的污染物浓度

表 3-3 甘蔗制糖废水污染防治可行技术 3 工程实例

企业	A	B	C
规模/（t/d）	4 000	10 000	12 000
COD_{Cr}/（mg/L）	28.6	25	19
BOD_5/（mg/L）	1.7	4.1	3.3
悬浮物/（mg/L）	9.9	<4.00	26
氨氮/（mg/L）	0.2	0.36	0.44
总氮/（mg/L）	3.1	5.71	6.22
总磷/（mg/L）	0.25	0.21	0.24

由甘蔗制糖废水污染防治可行技术 3 对应的箱线图（图 3-15）可得，各污染物指标排放浓度范围分别为 COD_{Cr} 15～40 mg/L、BOD_5 2～10 mg/L、悬浮物 10～35 mg/L、氨氮 0.2～0.6 mg/L、总氮 3.0～10.0 mg/L、总磷 0.20～0.30 mg/L。

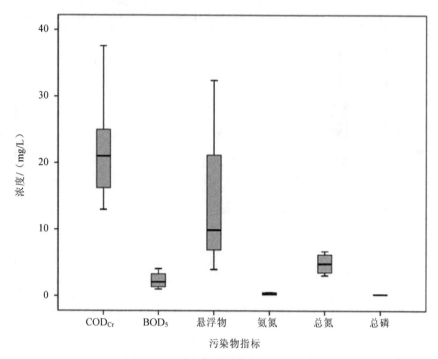

图 3-15 甘蔗制糖废水污染防治可行技术 3 对应的污染物浓度

4. 甘蔗制糖废水污染防治可行技术 4

甘蔗制糖废水污染防治可行技术 4 为 "① 清净工序无滤布真空吸滤+② 蒸发煮糖工序喷射雾化式真空冷凝+③ 蒸发煮糖工序冷凝器冷凝水循环回用" 污染预防技术与 "① 格栅+② 调节池+③ 沉淀池+④ 序批式活性污泥法" 末端治理技术的组合。127 家甘蔗制糖企业调研数据显示,112 家采用了无滤布真空吸滤技术,119 家采用了喷射雾化式真空冷凝技术,107 家采用了冷凝器冷凝水循环回用技术。采用该末端治理技术的企业共 14 家,在调查企业中占比约为 14%。

考虑地区、工艺、规模等因素,从中选择 3 家云南亚硫酸法制糖企业作为工程实例。企业情况如表 3-4 所示。

表 3-4 甘蔗制糖废水污染防治可行技术 4 工程实例

企业	A	B	C
规模/(t/d)	1 500	3 000	10 000
COD_{Cr}/(mg/L)	27.33	34.50	20.50
BOD_5/(mg/L)	6.00	6.00	3.50
悬浮物/(mg/L)	22.37	24.25	13.50
氨氮/(mg/L)	1.28	0.75	0.63
总氮/(mg/L)	3.36	2.29	1.82
总磷/(mg/L)	0.11	0.04	0.04

甘蔗制糖废水污染防治可行技术 4 对应样本数据 37 个，由所得的箱线图（图 3-16）可知，各污染物指标排放浓度范围分别为 COD_{Cr} 10～45 mg/L、BOD_5 3～10 mg/L、悬浮物 6～35 mg/L、氨氮 0.1～6.0 mg/L、总氮 1.0～9.0 mg/L、总磷 0.05～0.25 mg/L。

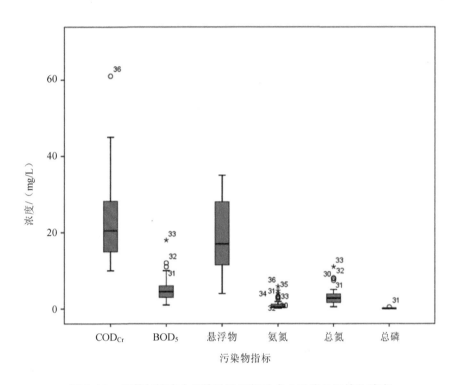

图 3-16 甘蔗制糖废水污染防治可行技术 4 对应的污染物浓度

5．甘蔗制糖废水污染防治可行技术 5

甘蔗制糖废水污染防治可行技术 5 为"① 清净工序无滤布真空吸滤+② 蒸发煮糖工序喷射雾化式真空冷凝+③ 蒸发煮糖工序冷凝器冷凝水循环回用"污染预防技术与"① 格栅+② 调节池+③ 沉淀池+④ 常规活性污泥法"末端治理技术的组合。127 家甘蔗制糖企业的调研数据显示，112 家采用了无滤布真空吸滤技术，119 家采用了喷射雾化式真空冷凝技术，107 家采用了冷凝器冷凝水循环回用技术。采用该末端治理技术的企业共 44 家，在调查企业中占比约为 43%。

考虑地区、工艺、规模等因素，从中选择 3 家云南亚硫酸法制糖企业作为工程实例。企业情况如表 3-5 所示。

甘蔗制糖废水污染防治可行技术 5 对应样本数据 65 个，由所得的箱线图（图 3-17）可得，各污染物指标排放浓度范围分别为 COD_{Cr} 20～50 mg/L、BOD_5 2～10 mg/L、悬浮物 5～30 mg/L、氨氮 0.1～5.0 mg/L、总氮 1～10.0 mg/L、总磷 0.05～0.20 mg/L。

表 3-5　甘蔗制糖废水污染防治可行技术 5 工程实例

企业	A	B	C
规模/（t/d）	1 500	2 500	11 000
COD_{Cr}/（mg/L）	30.31	28.33	25.25
BOD_5/（mg/L）	13.98	5.00	2.53
悬浮物/（mg/L）	38.50	30.00	11.67
氨氮/（mg/L）	1.81	1.82	0.24
总氮/（mg/L）	3.71	4.91	4.90
总磷/（mg/L）	0.29	0.08	0.05

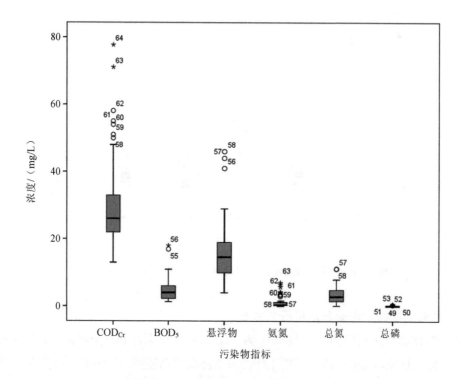

图 3-17　甘蔗制糖废水污染防治可行技术 5 对应的污染物浓度

6. 甘蔗制糖废水污染防治可行技术 6

甘蔗制糖废水污染防治可行技术 6 为 "① 清净工序无滤布真空吸滤+② 蒸发煮糖工序喷射雾化式真空冷凝+③ 蒸发煮糖工序冷凝器冷凝水循环回用" 污染预防技术与 "① 格栅+② 调节池+③ 沉淀池+④ 水解酸化+⑤ 生物接触氧化法或生物转盘法" 末端治理技术的组合。127 家甘蔗制糖企业调研数据显示，112 家采用了无滤布真空吸滤技术，119 家采用了喷射雾化式真空冷凝技术。采用该末端治理技术的企业共 4 家，在调查企业中占比约为 4%。

考虑地区、工艺、规模等因素，从中选择 3 家亚硫酸法制糖企业作为工程实例。企业情况如表 3-6 所示。

表 3-6　甘蔗制糖废水污染防治可行技术 6 工程实例

企业	A	B	C
地区	广东	广西	云南
规模/（t/d）	2 500	3 000	3 200
COD_{Cr}/（mg/L）	32	25	24.33
BOD_5/（mg/L）	9.8	1.7	5.33
悬浮物/（mg/L）	27	15	38.00
氨氮/（mg/L）	2.17	1.4	2.32
总氮/（mg/L）	11.8	1.4	2.04
总磷/（mg/L）	0.44	0.02	0.06

由甘蔗制糖废水污染防治可行技术 6 对应的箱线图（图 3-18）可得，各污染物指标排放浓度范围分别为 COD_{Cr} 20～50 mg/L、BOD_5 2～10 mg/L、悬浮物 15～45 mg/L、氨氮 0.2～0.6 mg/L、总氮 1～8.0 mg/L、总磷 0.05～0.20 mg/L。

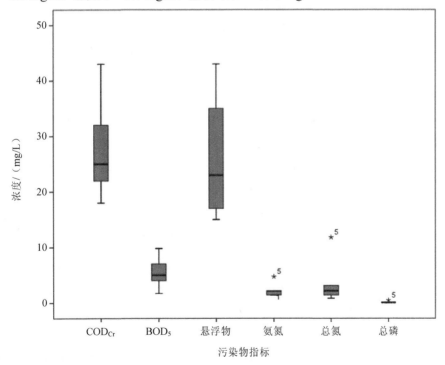

图 3-18　甘蔗制糖废水污染防治可行技术 6 对应的污染物浓度

7. 甘蔗制糖废水污染防治可行技术 7

甘蔗制糖废水污染防治可行技术 7 为 "① 清净工序无滤布真空吸滤+② 蒸发煮糖工序喷射雾化式真空冷凝+③ 蒸发煮糖工序冷凝器冷凝水循环回用"污染预防技术与"① 格栅+② 调节池+③ 沉淀池+④ 生物接触氧化法或生物转盘法" 末端治理技术的组合。127家甘蔗制糖企业调研数据显示，112 家采用了无滤布真空吸滤技术，119 家采用了喷射雾化式真空冷凝技术。采用该末端治理技术的企业共 4 家，在调查企业中占比约为 4%。

考虑地区、工艺、规模等因素，从中选择 3 家广西亚硫酸法制糖企业作为工程实例。企业情况如表3-7 所示。

表 3-7　甘蔗制糖废水污染防治可行技术 7 工程实例

企业	A	B	C
规模/（t/d）	4 000	4 000	6 000
COD_{Cr}/（mg/L）	51	13	32.4
BOD_5/（mg/L）	3.8	4.4	12.3
悬浮物/（mg/L）	14	6	18.6
氨氮/（mg/L）	5.58	0.315	0.86
总氮/（mg/L）	8.13	3.91	7.86
总磷/（mg/L）	0.16	0.237	0.18

由甘蔗制糖废水污染防治可行技术 7 对应的样本的污染物排放情况（图 3-19），并参考全部样本排放平均水平与最高水平的波动情况，各污染物指标排放浓度范围分别为COD_{Cr} 20～50 mg/L、BOD_5 4～12 mg/L、悬浮物 5～20 mg/L、氨氮 0.5～9.0 mg/L、总氮5～11.0 mg/L、总磷 0.10～0.30 mg/L。

8. 甘蔗制糖废水污染防治可行技术 8

甘蔗制糖废水污染防治可行技术 8 为 "① 提汁工序压榨机轴承冷却水循环回用+② 蒸发煮糖工序喷射雾化式真空冷凝+③ 蒸发煮糖工序冷凝器冷凝水循环回用"污染预防技术与 "① 格栅+② 调节池+③ 沉淀池+④ 升流式厌氧污泥床+⑤ 常规活性污泥法" 末端治理技术的组合。127 家甘蔗制糖企业调研数据显示，105 家采用了压榨机轴承冷却水循环回用技术，119 家采用了喷射雾化式真空冷凝技术，107 家采用了冷凝器冷凝水循环回用技术。采用该末端治理技术的企业共 4 家，在调查企业中占比约为 4%。

考虑地区、工艺、规模等因素，从中选择 3 家亚硫酸法制糖企业作为工程实例。企业情况如表 3-8 所示。

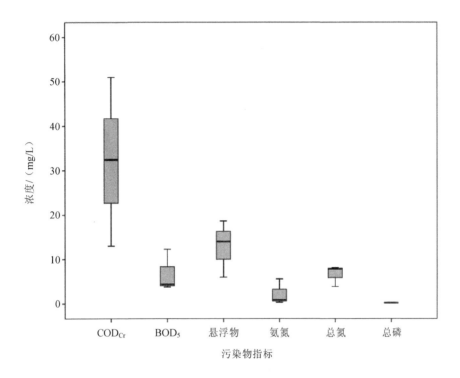

图 3-19　甘蔗制糖废水污染防治可行技术 7 对应的污染物浓度

表 3-8　甘蔗制糖废水污染防治可行技术 8 工程实例

企业	A	B	C
地区	广东	广东	广西
规模/（t/d）	2 000	3 600	15 000
COD_{Cr}/（mg/L）	41.2	64	20.75
BOD_5/（mg/L）	9.4	12.1	2.7
悬浮物/（mg/L）	18	10	15.5
氨氮/（mg/L）	2.45	2.93	0.255 25
总氮/（mg/L）	5.2	6.30	4.25
总磷/（mg/L）	0.35	0.46	0.22

　　由甘蔗制糖废水污染防治可行技术 8 对应的箱线图（图 3-20）可得，各污染物指标排放浓度范围分别为 COD_{Cr} 15～45 mg/L、BOD_5 5～15 mg/L、悬浮物 10～30 mg/L、氨氮 0.2～6.0 mg/L、总氮 3.0～10.0 mg/L、总磷 0.30～0.50 mg/L。

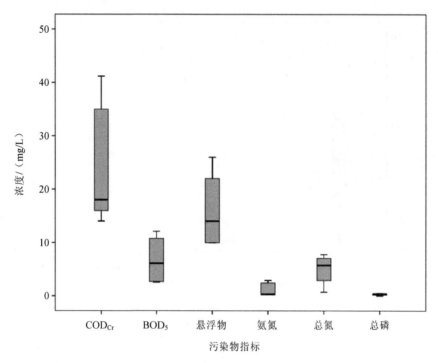

图 3-20　甘蔗制糖废水污染防治可行技术 8 对应的污染物浓度

9. 其余甘蔗制糖废水污染防治技术

该技术为"① 压榨机轴承冷却水循环回用+② 冷凝器冷凝水循环回用"污染预防技术与"① 格栅+② 调节池+③ 沉淀池+④ 厌氧折流板反应器+⑤ 活性污泥法"末端治理技术的组合。127 家甘蔗制糖企业调研数据显示，105 家采用了压榨机轴承冷却水循环回用技术，107 家采用了冷凝器冷凝水循环回用技术。采用该末端治理技术的企业共 1 家，暂不列入污染防治可行技术。企业情况如表 3-9 所示。

表 3-9　甘蔗制糖废水污染防治可行技术 9 工程实例

企业	A
地区	广西
工艺	石灰法
规模/（t/d）	2 000
COD_{Cr}/（mg/L）	15.5
BOD_5/（mg/L）	36
悬浮物/（mg/L）	18
氨氮/（mg/L）	0.74
总氮/（mg/L）	5.48
总磷/（mg/L）	0.59

3.4.1.2　甘蔗制糖废气治理可行技术

1. 甘蔗制糖废气治理可行技术 1

甘蔗制糖废气治理可行技术 1 为"① 蔗渣生物质能源+② 低氮燃烧技术+③ 水膜除尘器"。127 家甘蔗制糖企业调研数据显示，在 108 个 65 t/h 以上锅炉中，89 个采用蔗渣完全替代燃煤，占比约 82%；在 193 个 65 t/h 以下锅炉中，185 个采用蔗渣完全替代燃煤，占比约 96%；16 家企业采用低氮燃烧技术，占比约 12%；104 家采用了水膜除尘器，在调查企业中占比约为 82%。

2. 甘蔗制糖废气治理可行技术 2

甘蔗制糖废气治理可行技术 2 为"① 双碱法脱硫+② 低氮燃烧技术+③ 布袋除尘器"。127 家甘蔗制糖企业调研数据显示，19 家采用双碱法脱硫，占比约 15%；16 家企业采用低氮燃烧技术，占比约 12%；10 家采用了布袋除尘器，在调查企业中占比约为 8%。

3. 甘蔗制糖废气治理可行技术 3

甘蔗制糖废气治理可行技术 3 为"① 蔗渣生物质能源+② SCR+③ 水膜除尘器"。127 家甘蔗制糖企业调研数据显示，在 108 个 65 t/h 以上锅炉中，89 个采用蔗渣完全替代燃煤，占比约 82%；在 193 个 65 t/h 以下锅炉中，185 个采用蔗渣完全替代燃煤，占比约 96%；1 家采用 SCR 脱氮技术，占比约 0.8%；86 家采用了水膜除尘器，在调查企业中占比约为 82%。

4. 甘蔗制糖废气治理可行技术 4

甘蔗制糖废气治理可行技术 4 为"① 双碱法脱硫+② SNCR+③ 静电除尘器"。105 家甘蔗制糖企业调研数据显示，19 家采用双碱法脱硫，占比约 15%；18 家采用 SNCR 脱氮技术，占比约 14%；13 家采用布袋除尘器，在调查企业中占比约为 10%。

考虑地区、工艺、规模等因素，从 4 种工艺中各选择 1 家企业作为工程实例。企业情况如表 3-10 所示。

表 3-10　甘蔗制糖废气治理可行技术工程实例

企业	A	B	C	D
地区	广西	广东	广西	广东
产能/（t/d）	8 000	5 000	7 000	5 000
锅炉规模	65 t/h	35 t/h	65 t/h	35 t/h
燃料	蔗渣	蔗渣	蔗渣+煤粉	蔗渣+煤粉
脱硫工艺	—	—	双碱法	双碱法
脱氮工艺	低氮燃烧	SNCR	低氮燃烧	SCR
烟尘处理工艺	水膜除尘器	布袋除尘器	水膜除尘器	静电除尘器

企业	A	B	C	D
烟气流量/（m³/h）	120 000	100 000	150 000	100 000
出口 SO_2 浓度/（mg/m³）	21	25	30	25
出口 NO_x 浓度/（mg/m³）	127.5	116.25	140	118.53
出口粉尘浓度/（mg/Nm³）	18.3	15.2	16.0	10.5

3.4.1.3　甘蔗制糖固体废物综合利用可行技术

1．甘蔗制糖固体废物综合利用可行技术 1

亚硫酸法甘蔗制糖企业的固体废物综合利用可行技术 1 为"① 蔗渣作生物质能源+② 炉渣作水泥原料+③ 滤泥生产肥料+④ 最终糖蜜生产酒精"。127 家甘蔗制糖企业调研数据显示，95 家蔗渣用作生物质能源燃料，在调查企业中占比约为 75%；33 家炉渣用作生产填土、水泥建材的原料，在调查企业中占比约为 26%；115 家最终糖蜜用于生产酒精，在调查企业中占比约为 90%，其中 23 家自用生产酒精，92 家外售用于生产酒精。在 111 家亚硫酸法甘蔗制糖企业中，37 家滤泥用于生产肥料，占比约为 33%。

2．甘蔗制糖固体废物综合利用可行技术 2

亚硫酸法甘蔗制糖企业的固体废物综合利用可行技术 2 为"① 蔗渣制浆造纸+② 炉渣作耐火砖+③ 滤泥生产肥料+④ 最终糖蜜生产酒精"。127 家甘蔗制糖企业调研数据显示，11 家蔗渣用作纸浆造纸原料，在调查企业中占比约为 9%；17 家炉渣用作生产有机肥的原料，在调查企业中占比约为 14%；115 家最终糖蜜用于生产酒精，在调查企业中占比约为 90%，其中 23 家自用生产酒精，92 家外售用于生产酒精。在 111 家亚硫酸法甘蔗制糖企业中，37 家滤泥用于生产肥料，占比约为 33%。

3．甘蔗制糖固体废物综合利用可行技术 3

碳酸法甘蔗制糖企业的固体废物综合利用可行技术 3 为"① 蔗渣作环保材料+② 炉渣作水泥原料+③ 滤泥固化处理+④ 最终糖蜜生产酒精"。127 家甘蔗制糖企业调研数据显示，4 家蔗渣用作纸浆造纸原料，在调查企业中占比约为 3%；33 家炉渣用作生产填土、水泥建材的原料，在调查企业中占比约为 26%；115 家最终糖蜜用于生产酒精，在调查企业中占比约为 90%，其中 23 家自用生产酒精，92 家外售用于生产酒精。在 16 家亚硫酸法甘蔗制糖企业中，13 家滤泥进行固化处理，占比约为 81%。

3.4.1.4　甘蔗制糖污染防治先进可行技术

1．企业 A

企业 A 为典型的亚硫酸法甘蔗制糖企业。企业日榨量 2 500 t，生产过程中采用了压榨机冷却水循环回用系统、高效硫黄炉闭合燃烧工艺、无滤布真空吸滤技术；蒸发和煮糖真空系统采用了喷射雾化式真空冷凝技术，冷凝器中的冷凝水实现了循环回用，循环水利用率达 8%。

生产废水经一级处理和二级处理（活性污泥法）后满足《制糖工业水污染物排放标准》（GB 21909—2008）要求，基准排水量 7.82 t，排水污染物浓度分别为 COD_{Cr} 19.00 mg/L、BOD_5 4.50 mg/L、悬浮物 39.50 mg/L、氨氮 0.96 mg/L、总氮 7.09 mg/L、总磷 0.06 mg/L。企业采用了密闭高效喷射式燃硫炉，使用负压抽吸式硫气与蔗汁混合，并对石灰消和机加料废气喷水除尘。企业将最终糖蜜出售，滤泥和污泥分别还田和填埋。

2. 企业 B

企业 B 为典型的碳酸法甘蔗制糖企业。企业日榨量 14 500 t，生产过程中采用了压榨机冷却水循环回用系统，过滤工序采用了板式压滤机、无滤布真空吸滤机以及全自动隔膜压滤机；蒸发和煮糖真空系统采用了喷射雾化式真空冷凝技术，冷凝器中的冷凝水实现了循环回用，循环水利用率达 98%。生产废水经一级处理和二级处理（氧化沟）后满足《制糖工业水污染物排放标准》（GB 21909—2008）要求，基准排水量 2.22 t，排水污染物浓度分别为 COD_{Cr} 20.05 mg/L、BOD_5 1.36 mg/L、悬浮物 5.83 mg/L、氨氮 1.66 mg/L、总氮 3.44 mg/L、总磷 0.086 mg/L。企业无硫熏工艺，不产生燃硫炉尾气，对石灰消和机加料废气进行密封并喷水。企业将最终糖蜜出售，滤泥和污水厂污泥填埋处置。

3.4.2　甜菜制糖污染防治可行技术

3.4.2.1　甜菜制糖废水污染防治可行技术

1. 甜菜制糖废水污染防治可行技术 1

甜菜制糖废水污染防治可行技术 1 为 "① 输送工序流洗水循环利用+② 蒸发煮糖工序喷射雾化式真空冷凝或真空泵隔板冷凝+③ 甜菜粕压榨工序压粕水回用" 污染预防技术与 "① 格栅+② 调节池+③ 沉淀池+④ 水解酸化+⑤ 常规活性污泥法" 末端治理技术的组合。13 家甜菜制糖企业调研清单显示，有 12 家采用流洗水循环利用技术，8 家采用喷射雾化式真空冷凝技术，13 家均采用压粕水回用技术。采用该末端治理技术的企业共 6 家，在调查企业中占比约为 67%。

考虑地区、工艺、规模等因素，从中选择 3 家新疆碳酸法制糖企业作为工程实例。企业情况如表 3-11 所示。

由甜菜制糖废水污染防治可行技术 1 对应的箱线图（图 3-21）可得，各污染物指标排放浓度范围分别为 COD_{Cr} 20～50 mg/L、BOD_5 10～20 mg/L、悬浮物 10～30 mg/L、氨氮 0.1～5.0 mg/L、总氮 10～15 mg/L、总磷 0.1～0.3 mg/L。

表 3-11　甜菜制糖废水污染防治可行技术 1 工程实例

企业	A	B	C
规模/（t/d）	3 000	3 500	6 000
COD_{Cr}/（mg/L）	30	20	26
BOD_5/（mg/L）	9.2	9.6	9.8
悬浮物/（mg/L）	19	16	13.5
氨氮/（mg/L）	—	0.332	2.01
总氮/（mg/L）	29.9	—	—
总磷/（mg/L）	0.523	0.29	0.23

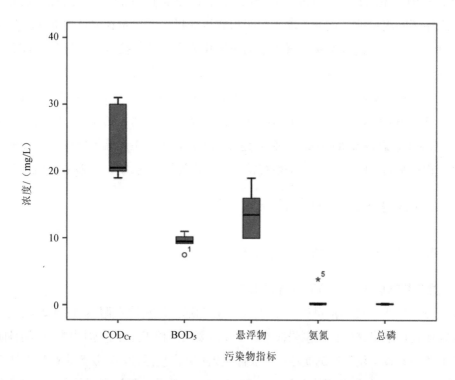

图 3-21　甜菜制糖废水污染防治可行技术 1 对应的污染物浓度

2. 甜菜制糖废水污染防治可行技术 2

甜菜制糖废水污染防治可行技术 2 为"① 输送工序流洗水循环利用+② 蒸发煮糖工序冷凝器冷凝水循环回用+③ 甜菜粕压榨工序压粕水回用"污染预防技术与"① 格栅+② 调节池+③ 沉淀池+④ 升流式厌氧污泥床+⑤ 常规活性污泥法"末端治理技术的组合。13 家甜菜制糖企业调研清单显示，有 12 家采用流洗水循环利用技术，11 家采用冷凝器冷凝水循环回用技术，13 家均采用压粕水回用技术。采用该末端治理技术的企业共 2 家，在调查企业中占比约为 22%。从中选择 2 家新疆碳酸法制糖企业作为工程实例，企业情况如表 3-12 所示。

表 3-12 甜菜制糖废水污染防治可行技术 2 工程实例

企业	A	B
规模/（t/d）	2 250	7 752
COD_{Cr}/（mg/L）	19.5	36.5
BOD_5/（mg/L）	9.25	8.45
悬浮物/（mg/L）	10	65.5
氨氮/（mg/L）	0.12	2.04
总氮/（mg/L）	—	6.15
总磷/（mg/L）	0.13	0.11

由甜菜制糖废水污染防治可行技术 2 对应的箱线图（图 3-22）可得，各污染物指标排放浓度范围分别为 COD_{Cr} 20～50 mg/L、BOD_5 10～20 mg/L、悬浮物 10～30 mg/L、氨氮 0.1～5.0 mg/L、总氮 10～15 mg/L、总磷 0.1～0.3 mg/L。

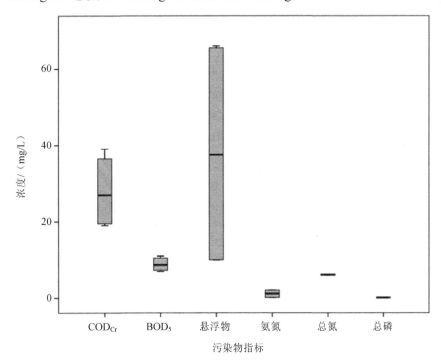

图 3-22 甜菜制糖废水污染防治可行技术 2 对应的污染物浓度

3．其余甜菜制糖废水污染防治技术

该技术为"① 渗出工序干法输送＋② 输送工序流洗水循环利用＋③ 蒸发煮糖工序喷

射雾化式真空冷凝+④蒸发煮糖工序冷凝器冷凝水循环回用+③甜菜粕压榨工序压粕水回用"污染预防技术与"①格栅+②调节池+③沉淀池+④水解酸化+⑤氧化沟"末端治理技术的组合。13家甜菜制糖企业调研清单显示，有4家采用干法输送技术，12家采用流洗水循环利用技术，11家采用冷凝器冷凝水循环回用技术，13家均采用压粕水回用技术。采用该技术的企业共1家，暂不列入污染防治可行技术。企业情况如表3-13所示。

表3-13　甜菜制糖废水污染防治可行技术3工程实例

企业	A
地区	内蒙古
工艺	碳酸法
规模/（t/d）	3 850
COD_{Cr}/（mg/L）	56.3
氨氮/（mg/L）	1.6

3.4.2.2　甜菜制糖污染防治先进可行技术

根据《污染防治可行技术指南编制导则》（HJ 2300—2018）的规定，低于《制糖工业水污染物排放标准》（GB 21909—2008）限值70%的可行技术即为先进可行技术。近年来制糖企业污染防控能力和管理能力有了非常大的提升，制糖行业废水产生量、废水污染物浓度和排放量大幅降低，由调研的140家制糖企业信息及收集的监督性监测数据可知，其排放的废水污染物浓度普遍低于GB 21909—2008中规定的限值70%的要求，即本标准中可行技术均可达到HJ 2300—2018中规定的先进水平。

污染防治可行技术充分考虑制糖工业的现状和发展趋势，确定符合行业实际情况的污染防治先进可行技术。随着制糖工业的发展，行业的规模化程度大幅提升，《产业结构调整指导目录（2011年本）（修正）》（中华人民共和国国家发展和改革委员会令　第21号）明确提出，限制日处理甘蔗5 000 t（云南地区3 000 t）、日处理甜菜3 000 t以下的新建项目，行业未来将继续向规模化、集约化方向发展。根据调研，对于甘蔗制糖，应用最多的三种污染防治技术组合分别是"提汁工序压榨机轴承冷却水循环回用+清净工序无滤布真空吸滤+蒸发煮糖工序喷射雾化式真空冷凝+蒸发煮糖工序冷凝器冷凝水循环回用（水循环利用率≥95%）+一级处理技术+二级处理技术（水解酸化+常规活性污泥法）""清净工序无滤布真空吸滤+蒸发煮糖工序喷射雾化式真空冷凝+蒸发煮糖工序冷凝器冷凝水循环回用（水循环利用率≥95%）+一级处理技术+二级处理技术（序批式活性污泥法）"和"清净工序无滤布真空吸滤+蒸发煮糖工序喷射雾化式真空冷凝+蒸发煮糖工序冷凝器冷凝水循环回用（水循环利用率≥95%）+一级处理技术+二级处理技术（常规活性污泥法）"。

这三种技术在行业中占比分别达 25%、14%和 43%，合计 82%，监督性监测数据样本量分别达 73、37 和 65。三种技术应用广泛，运行成熟，适用范围广，代表了污染防治先进可行技术的方向。而其他几种技术虽然能够实现达标排放，但使用的企业较少，且规模多在 5 000 t/d 以下，因此，上述技术不作为先进可行技术来考虑。对于甜菜制糖，由于进水 COD_{Cr} 浓度较高，可行技术"输送工序流洗水循环利用（水循环利用率≥60%）+蒸发煮糖工序冷凝器冷凝水循环回用+甜菜粕压榨工序压粕水回用+一级处理技术+二级处理技术（升流式厌氧污泥床+常规活性污泥法）"对废水中高浓度 COD_{Cr} 有明显的去除效果，对总磷、氨氮和总氮也有较好的协同处理作用，而且符合工程设计规范的要求，可用于技术升级改造，因此确定为甜菜制糖废水先进可行技术。

第4章　制糖工业生态化建设

4.1　生态工业

4.1.1　产业生态学

1. 产业生态学起源

产业生态学的学科起源主要有两大脉络。一是发端于工业代谢以及后来内涵更为扩展的社会经济代谢。所谓工业代谢，是指在稳态条件下将原材料、能源和人类劳动转变为最终产品和废物的物理过程的集合，实质是指运用物质和能量守恒原理来对工业系统的物质/能量的流动和存储进行输入、输出和路径分析，旨在揭示工业活动所涉及的物质/能量的规模与结构，提供给我们关于工业系统运行过程和机制的一个整体图景和理解。描述能量物质守恒的热力学第一定律是伴随着工业革命逐渐明晰确立的，利用守恒定律开展工业过程的分析、设计和优化也是顺理成章的事情。随着工业规模的不断扩大，尤其是第二次世界大战后现代化工业的迅速崛起，工业生产与资源环境的矛盾越发突出，在探究环境污染成因的过程中，人们逐渐认识到，物质和能量守恒定律有助于定量化揭示工业环境污染的历史与变化过程。另外，人们也注意到城市、区域、流域甚至国家物质代谢的重要性，针对区域经济系统也形成了类似的物质代谢方法。物质和能量守恒定律与物质代谢最终拓展成为社会经济代谢的全谱系。二是对产业共生现象的观察以及对工业生态系统与自然生态系统的类比。工业大发展导致工业废物在种类上的急剧增加和规模上的迅速扩大，废物的综合利用和循环利用成为工业发展中必须解决的重要问题，不同工业和企业之间的联系因为废物交换的行为而密切起来，这些现象颇类似于自然生态中的共生行为，因此产业共生在这个过程中逐渐显化出来。个体、种群、群落和生态系统等不同尺度上的对比与隐喻为产业生态学的诞生和发展提供了直接的洞察和方向指引。

随着产业生态学的发展，在学科内部开始出现社群化的现象，至今成立了生态工业发展、社会经济代谢、可持续城市系统、可持续消费与生产、环境投入产出分析和生命周期评价共 6 个分支。

2. 产业生态学的基本内涵

从产业生态学的起源可以看出，产业生态学具有如下特征。①产业生态学是一种系统观。产业生态学属于应用生态学，其研究核心是产业系统与自然系统、经济社会系统之间的相互关系。②产业生态学强调一种整体观。产业生态学考虑产品或工艺的整个生命周期的环境影响，而不是只考虑局部或某个阶段的影响。③产业生态学提倡一种未来观。产业生态学主要关注未来的生产、使用和再循环技术的潜在环境影响，其研究目标着眼于人类与生态系统的长远利益，追求经济效益、社会效益和生态效益的统一。④产业生态学倡导一种全球观。产业生态学不仅要考虑人类产业活动对局地、地区的环境影响，更要考虑对人类和地球生命支持系统的重大影响。产业生态学涉及 3 个层次：宏观上，它是国家产业政策的重要理论依据，即围绕产业发展，将生态学的理论与原则融入国家法律、经济和社会发展纲要中，促进国家以及全球生态产业的发展；中观上，它是企业生态能力建设的主要途径和方法。其中涉及企业的竞争能力、管理水平、规划方案等，如企业的"绿色核算体系""生态产品规格与标准"等；微观上，则是具体产品和工艺的生态评价与生态设计方法。总之，产业生态学既是一种分析产业系统与自然系统、社会系统以及经济系统相互关系的系统工具，又是一种发展战略与决策支持手段。

4.1.2　生态工业的特点

1. 生态工业的基本内涵

生态工业作为产业生态学的一大学科分支，已经成为产业生态学重要的实践方式。生态工业是仿照自然生态系统，运用生态规律、经济规律、系统工程和物质循环方式来经营和管理的一种综合工业发展模式。生态工业依据生态经济学原理，以节约资源、清洁生产和废物多层次循环利用等为特征，通过综合运用技术、经济和管理等手段，将工业生产过程中的副产品、废物以及剩余能量传递到其他生产过程中，形成了企业内外甚至是区域内外的能量和物料的传输与高效利用的协作链网，从而在总体上提高了整个生产过程中的资源能源利用效率，降低了废物和污染物的产生量。

2. 生态工业与传统工业的区别

（1）目标不同。

传统工业发展模式片面追求经济效益目标，忽略了对生态环境的影响，导致了"高投入、高消耗、高污染"局面的发生；生态工业将工业发展的经济效益和生态环境效益并重，从战略高度上重视生态环境保护和资源的集约、循环利用，有助于工业的绿色发展。

（2）资源开发利用方式不同。

传统工业片面追求短期经济效益，忽略了自然资源的本身限度，发展方式较为粗犷。

因此，自然资源的过度开采、单一利用、损耗消耗较大等状况比比皆是，引发了资源短缺、能源危机、环境污染等一系列问题。生态工业从长远考虑经济效益和生态环境效益，在生态经济系统的共生原理的指导下，对资源进行合理开采，使各种工矿企业相互依存，形成共生的网状生态工业链，从而达到资源的集约利用和循环使用。

（3）产业结构和产业布局的不同。

传统工业区际的封闭发展，导致各地产业结构趋同、产业布局集中，与当地的生态系统和自然结构不相适应。资源过度开采和浪费，环境恶化严重，不利于资源的合理配置和有效利用。生态工业系统是一个相对开放性的系统，其中的人流、物流、价值流、信息流和能量流在整个生态工业经济系统中合理流动和转换增值，从战略层面上合理构建和布局相关产业，使其与生态系统和自然结构相适应。

（4）废物的处理方式不同。

传统工业实行单一产品的生产加工模式，对废物一弃了之，这样有利于缩短生产周期，提高产出率，提升经济效益。生态工业不仅从环保的角度尽量减少废物的排放，还充分利用产业共生原理，将过去"原料—产品—废料"的生产模式转变为"原料—产品—废料—原料"的模式，通过生态产业链及生态工艺的关系，尽量延伸资源的加工链，最大限度地开发和利用资源，既获得了价值增值，又保护了环境，实现了工业产品的全过程控制和利用。

3. 生态工业园区

工业园区的建设与我国经济发展密切相关。作为我国经济机制改革对外开放的主要阵地，以经济技术开发区和高新技术产业开发区为代表的工业园区，实现了突飞猛进的发展。2000年前后，我国已建立了以工业园区为主要载体的工业发展体系。与此同时，我国面临着大范围的生态环境破坏以及复杂的环境污染问题，结构性污染和区域性污染的特征逐渐显现，经济发展与环境污染的矛盾日益凸显，环境保护工作需要融入经济发展领域。为此，生态工业园区成为我国生态工业园区可持续性发展和走新型工业化道路的必然选择，建设生态工业园区也成为区域性和结构性污染的有效措施。

生态工业园区是继经济技术开发区、高新技术开发区之后我国的第三代产业园区，是发展最早、管理架构和机制最为完善的生态工业实践形式之一。以生态工业理论为指导，重点开展园区内生态链和生态链网的建设，通过科学规划、产业合理布局、提高环境准入及强化基础设施建设等措施，将污染防治由传统末端治理逐步延伸到投资、生产、流通以及消费全过程控制，最大限度地提高资源利用率，从源头上将污染物的排放量减至最低，为参与工业生产的各个环节和整个系统带来环境与经济效益的双赢，实现区域清洁生产与绿色发展。

4.2　制糖（甘蔗）生态工业模式

4.2.1　制糖（甘蔗）工业的生态化发展潜力

制糖工业是基础产业，一般包括糖料生产、制糖加工和综合利用等三大部分。根据前面的介绍，甘蔗制糖的副产品不仅可作为饲料，还可作为造纸、发酵、化工、建材等多种产品的原料。

从工业生态学角度分析，制糖工业的行业特点决定了其具有发展生态工业的先决条件。出于经济利益或环境保护需要，制糖企业及其相关企业（如造纸企业、酒精企业、复合肥厂等）在特定区域集聚、共生，形成了一个具有一定结构和功能的共生体，即工业生物群落，它们与外部环境因素共同构成了制糖生态工业系统。其中制糖企业是"主要种群"，造纸厂、热电厂、能源酒精厂、复合肥厂及轻质碳酸钙厂等企业是制糖企业的下游企业，或可称为"次要种群"，从而制糖工业可以构建多链网的生态工业模型。

4.2.2　制糖生态工业系统的组成和结构

1．制糖生态工业的一般模型

与自然生态系统类似，制糖生态工业系统也是由生产者、消费者、分解者及外部环境组成的，蔗田、制糖及其相关企业、环境综合治理是制糖生态工业系统的基本组成单元，它们通过物质交换和能量流动，形成了横向耦合、纵向闭合的柔性网络，见图 4-1。

蔗田子系统主要为制糖企业提供基本原材料，是制糖生态工业系统的"生产者"；制糖企业以甘蔗为初始原料生产食糖，是制糖生态工业系统的初级"消费者"，而其他企业是以制糖过程中产生的"废物"为原料进行生产活动的，可称为次级"消费者"；环境综合治理系统对制糖工业共生体中各个生产环节或生产过程产生的"废物"进行回收、分解、再利用和再循环，在制糖生态工业系统中实际上承担了"分解者"的角色。

2．生态工业链及生态工业链网

制糖工业共生体中，共生单元通过能物流（原料糖、纸浆、电力、蒸汽）交换建立了生态联系，形成了生态工业链。从图 4-1 可以看出，以蔗田为始端，形成了"制糖—酒精—复合肥""制糖—造纸—轻质碳酸钙""制糖—热电""制糖—低聚果糖"等多条生态工业链，各条链均以环境综合治理系统为终点。

各条生态工业链之间通过物质、能量、信息流动和共享，彼此交错、横向耦合，使整个共生体形成了网状结构，这就是生态工业链网。

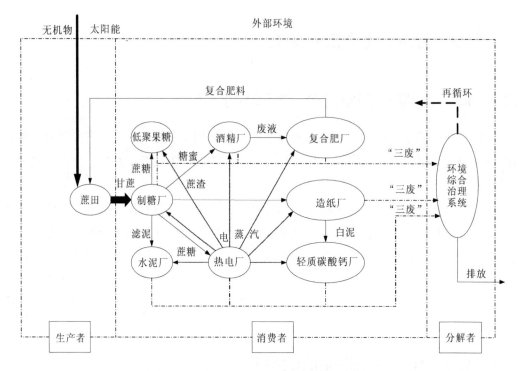

图 4-1　制糖生态工业系统构建的一般模型

4.2.3　工业代谢类型及主要特征

工业生产过程就是将输入每一个工艺过程或生产过程的原材料最终转变成产品（目标产物）和废物（非目标产物）的过程。据此，工业代谢可分为产品代谢和废物代谢。

以产品流为主线的代谢，即上一个工艺过程或生产过程中形成的初级产品作为下一个工艺过程或生产过程的"原辅材料"，称为产品代谢。随着产品链不断延伸，产品的经济价值也随之增加。

以废物流为主线的代谢，称为废物代谢。为了消除上一个工艺过程或生产过程中产生的废物对环境的影响，提高资源生产率，将上一个工艺过程或生产过程中所产生的废物作为原材料输入到下一个工艺过程或生产过程，再次形成产品和废物，废物作为原材料再次进入下一个工艺过程或生产过程，直至最终处置、排放。这样工业生态系统中就形成了一条废物链或废物流。随着废物链不断延伸，初始输入的原材料的利用率显著提高。

制糖（甘蔗）生态工业系统中既有产品代谢，又有废物代谢，且以废物代谢为主。制糖生产过程以甘蔗为基本原料，通过若干加工过程生产出食糖（蔗糖），同时也产生了蔗渣、蔗髓、最终糖蜜等多种废物。这些相对于制糖过程而言的"废物"如果直接排放，既造成资源浪费，又导致环境污染。如果作为下一个工艺或生产过程的原材料，则既可实现废物资源化，提高资源效率，又能够避免废物排放造成的环境污染。

低聚果糖厂以制糖厂生产的蔗糖为原料，生产高附加值的果糖，这是制糖生态工业系统中的产品代谢。蔗糖生产过程产生的蔗渣、蔗髓和最终糖蜜等废物均可作为下游企业的原料，这种工业代谢属于废物代谢。蔗渣可作为造纸厂的制浆原料，蔗髓作为热电厂煤的替代燃料，而最终糖蜜可作为能源酒精厂制取酒精的原料。酒精厂输出的酒精废液作为复合肥厂的原料，用于制取蔗田复合肥。

4.3　制糖（甘蔗）工业生态化发展实践——以广西贵港国家生态工业（制糖）示范园区为例

广西贵港国家生态工业（制糖）示范园区是我国第一个开展建设的部级生态工业园区，国家环保总局于 2001 年 8 月发布了《关于同意建立贵港国家生态工业（制糖）示范园区的复函》（环函〔2001〕170 号）。国家生态工业（制糖）示范园区以龙头企业——广西贵糖（集团）股份有限公司（以下简称贵糖集团）为主体，形成了甘蔗种植、制糖、酒精生产、造纸、复合肥生产、热电联产、废渣副产品综合利用等产业链条，实现了从现代甘蔗园（甘蔗种植）开始到现代甘蔗园（复合肥返田）的纵向闭合、各产业链横向耦合、区域整合工农产业一体化的生态糖业产业群，推动了贵港市的可持续发展，引导了广西制糖业朝绿色、循环的方向发展。"贵港模式"入选联合国教科文组织生态工业的经典案例，吸引了国内外众多领导和专家前往贵港调研和交流，在生态工业学科领域有着重要的影响力。

4.3.1　贵糖集团发展历程

第一阶段：自然发展阶段（1956—2000 年）

贵糖集团前身是广西贵县糖厂，建成投产于 1956 年，是国家"一五"计划重点建设工程之一，也是新中国最早的甘蔗制糖企业。20 世纪 50 年代的贵县糖厂主要由制炼、压榨、动力、酒精 4 个车间组成，生产中产生的最终糖蜜、甘蔗渣分别由酒精车间进行糖蜜发酵生产食用酒精，而动力车间利用甘蔗渣替代原煤作锅炉燃料，开创了甘蔗制糖工业综合利用的先例，形成了甘蔗—制糖—最终糖蜜—酒精的第一条生态工业链。

到了 20 世纪 60 年代，在国家"综合利用大有可为"的号召下，贵糖集团积极开展甘蔗渣造纸技术的开发研究，并将成果转化为生产力。1962 年贵糖集团开始采用甘蔗渣造纸，成为甘蔗渣草类浆造纸技术开发研究与产业化应用的先行者，并形成了甘蔗—制糖—蔗渣—造纸的第二条生态工业链。至此，贵港生态工业模式两条主线生态工业链已初具雏形。

20 世纪 70 年代，贵糖集团的朴素清洁生产思想开始萌生，在成功开展最终糖蜜、甘蔗渣工业综合利用的基础上，开展了造纸综合利用技术研究。在当时的轻工业部的支持下，于 1971 年率先成功开发了我国第一套草类浆造纸黑液碱回收系统，实现了造纸制浆用碱再生利用，有效解决了造纸黑液的污染问题。生态工业链进一步拓展为：甘蔗—制糖—蔗渣—造纸—制浆黑液—碱回收。

20 世纪 80 年代中期，为解决制糖滤泥、酒精废液污染问题，贵糖集团先后与当时的轻工业部甘蔗科学研究所、南京水利科学研究所合作，开展酒精废液制减水剂、有机复混肥、制糖滤泥生产高标号水泥中试研究，取得较大进展，为日后甘蔗—制糖—最终糖蜜—酒精—复合肥生态工业链的不断完善打下了基础。同时，贵糖集团还利用酒精生产发酵过程中产生的工艺废气——二氧化碳应用于轻质碳酸钙生产，为满足造纸填充原料的生产需求，进行内部绿色供应链集成，实现了二氧化碳废气资源化利用，有效减少了温室气体排放。

从 20 世纪 90 年代跨入 21 世纪，随着环境保护不断加强和"一控双达标"工作的深入开展，贵糖集团把治理工业污染提高到"不是企业消灭污染，就是污染消灭企业"的高度，大力对企业主要污染源——酒精废液、造纸中段废水、纸机白水等污染物进行资源化利用技术研究与开发攻关，取得了多项研究成果和技术专利，形成了一批副线生态工业链。此时，贵港生态工业模式初步完成了物质、能源和水系统集成，基本实现生态产业链从"源"到"汇"再到"源"的纵向闭合。

2000 年 6 月 11 日时任国家环境保护总局副局长宋瑞祥率领"一控双达标"工作调查组到贵糖集团调研，对贵糖集团以甘蔗为原料生产过程排放的污染物全部作为下游产品的原料，做到资源利用最大化，污染物排放最小化，有效地解决工业环境污染问题，给予高度评价，要求贵糖集团要很好地总结经验，并提高到建设生态工业园区的高度来认识。通过建设生态工业园区来推动企业工业污染源的环保达标工作，实现环境与经济双赢、达标与发展的统一。在 2000 年创建国家生态工业示范园区前，贵糖集团已自发形成了以甘蔗制糖为核心，甘蔗—制糖—最终糖蜜制酒精—酒精废液制复混肥以及甘蔗—制糖—蔗渣造纸—制浆黑液碱回收两条主线的工业生态链。此外，还形成了制糖滤泥—水泥，造纸中段废水—锅炉除尘、脱硫、冲灰，碱回收白泥—制轻质碳酸钙等副线工业生态链。这些生态工业链相互利用废弃物作为自己的原材料，使废物得到充分利用，既节约了资源，又能把污染物消除在工艺过程中，从根本上解决了环境污染问题，不但有效地治理工业污染、降低末端治理费用，而且提高了经济效益。

第二阶段：规划引领阶段（2000—2005 年）

2000 年，顺应国际生态工业发展潮流，生态工业园区主体单位——广西贵糖集团委托中国环境科学研究院编制《贵港国家生态工业（制糖）示范园区建设规划》。园区规划以贵糖集团已有的生态工业雏形为基础，以生态工业理论为指导而编制的《贵港国家生态工业（制糖）示范园区建设项目初步可行性研究报告》和《贵港国家生态工业（制糖）示范园区建设规划纲要》，于 2001 年 6 月 25 日通过了专家论证。2001 年 8 月 14 日，国家环境保护总局批准贵港国家生态工业（制糖）示范园区项目立项建设。我国以大型企业为龙头的第一个生态工业园区进入建设规划实施阶段。依据规划的指导，贵糖集团实现了工业污染防治由末端治理向生产全过程控制的转变。经过多年的发展，贵糖集团建成了制糖、造纸、酒精、轻质碳酸钙的生态工业体系，制糖生产过程产生的蔗渣、最终糖蜜、滤泥等废物经过处理后全部实现了循环利用，废物利用率为 100%，综合利用产品的产值已经大大超过主业蔗糖。拥有多项具有国内领先水平的环保自主知识产权。这种循环经济的生产模式创造了巨大的经济效益和生态效益。

第三阶段：循环发展阶段（2005—2015 年）

2005 年 11 月，贵糖集团被列为全国首批循环经济试点单位。贵港市通过逐步制定出台财政政策、税收政策、招商投资政策、发展甘蔗生产扶持政策、土地税费优惠政策、排污费返还政策等一系列的配套政策，为实现生态工业示范园区的建设目标提供政策保障。优化产品结构以及副产品的集中处理和综合利用。用高新科技、绿色技术和先进的环境保护技术改造传统工艺，提高产品的科技含量，增加产品的附加值。充分发挥资金、人才和技术优势，在园区企业资产重组的基础上向园区外适度扩展，谋求更大的发展。并分别进行 12 个重点优化项目的建设，进一步丰富园区工业生态链的网状结构，实现产品结构多样性，提高产品的科技含量和附加值。通过 12 个重点优化项目的建设，充分高效地利用上游生产过程产生的废物进行物质集成、能源集成以及水系统集成，实现甘蔗制糖、蔗渣造纸、最终糖蜜制酒精的传统产品向高附加值的精制糖、低聚果糖、有机糖、CMC、酵母精等产品结构的战略性调整，增强园区市场竞争力以及抗风险能力。

贵糖集团拥有日榨万吨甘蔗的制糖厂，大型造纸厂和酒精厂、轻质碳酸钙厂，主要产品生产能力为：年产白砂糖 13 万 t、可加工原糖 30 万 t、机制纸 18 万 t、甘蔗渣制浆 13 万 t、酒精 1 万 t、轻质碳酸钙 3 万 t、回收烧碱 3.5 万 t。经过不断优化，公司已基本形成两条制糖循环经济产业主链：①甘蔗—制糖—糖蜜—酒精—酒精废液制复混肥；②甘蔗—制糖—蔗渣—制浆造纸资源综合利用工业链。除上述循环经济链主线外，贵糖集团还开发了利用制糖车间滤泥制水泥，利用酒精厂发酵车间废 CO_2 制轻质碳酸钙，造纸中段废水用于锅炉除尘、脱硫、冲灰，碱回收白泥制轻质碳酸钙，以及蔗髓替代部分燃煤实现热电联产供应生产所必需的电力和蒸汽等副线循环生态链。上游的废物作为下游产品的原料，不但可以生产具有一定经济价值的产品，而且能够有效地治理滤泥和 CO_2 对环境的污染。

第四阶段：智能化发展阶段（2015 年至今）

随着生态工业链的不断完善，贵糖集团所处的工业用地已经不能满足贵糖现有的生产发展需求，经过与当地政府协商，2015 年起贵糖集团着手计划搬迁。到 2019 年，贵糖集团新厂制糖生产线正式开工运行。新厂生产量为 12 000 t/d，全过程均采用远程终端控制、智能化调节系统，大幅减少了现场车间的人员。

4.3.2 生态工业园区生态工业链

2001 年，园区的主要生产线有两条：

1. 甘蔗→制糖→蔗渣造纸工业链

甘蔗园是贵港国家生态工业（制糖）示范园区的基础，是制糖和造纸赖以存在的根本，该工业链也是贵港市糖业最具经济意义的工业链。制糖厂压榨车间输出的蔗渣，作为制浆厂的主要原料输入进行综合利用。这是我国糖厂典型的工业链。

2. 制糖→糖蜜制酒精→酒精废液制复混肥工业链

制糖工艺输出的最终糖蜜，被酒精厂酒精车间作为资源输入进行能源酒精或食用酒精的生产。酒精车间产生的酒精废液经过浓缩、干燥和补充必要养分后，制成复混肥。此工业链不但可以综合利用制糖过程产生的最终糖蜜，消除环境污染，而且可以获得能源酒精或食用酒精，其关键技术是酒精废液的处理。随着我国能源酒精的政策出台，此工业链有望成为贵港市新的经济增长点，并对我国制糖工业的结构调整具有重大意义。

以上两条生态工业链，相互之间构成了横向耦合的关系，在一定程度上形成了网状结构。一方面，物质流中没有废物概念，只有资源概念，各环节实现了充分的资源共享；另一方面，由于网状结构的存在，产品种类多样，其产品生产可根据市场需要调配，使园区从整体上抵御市场风险的能力得到大幅加强。

3. 甘蔗→制糖→造纸→热电厂联合体：能源供应和其他生产单元间的关系

热电厂在生态工业园区中的位置非常特别又很关键。它与甘蔗→制糖→造纸工业链以及园区内其他生产单元之间的关系是非常密切的。热电厂是各工业生产单元蒸汽和电力的供应者。热电厂的部分燃料采用制糖压榨车间产生的蔗髓，同时将其冷却水送作造纸用水，可节约水资源。热电厂锅炉的含硫烟气（酸性）与造纸中段废水（碱性）通过除尘脱硫塔进行中和反应，减少污染物的排放。热电厂锅炉煤灰还是造纸废水处理的良好的吸附剂。

4. 水的供给、使用、循环使用、排放

糖厂是水循环回用潜力较大的企业。应采取清浊分流（回收冷凝水、凝结水）、干湿分离（先分离滤泥、炉渣灰、污泥等干物质）、封闭运行（将污染源治理限制范围）等措施，促进水的重复利用。制糖工艺回收的冷凝水、凝结水可以经过冷却、曝气等处理后进行回用。

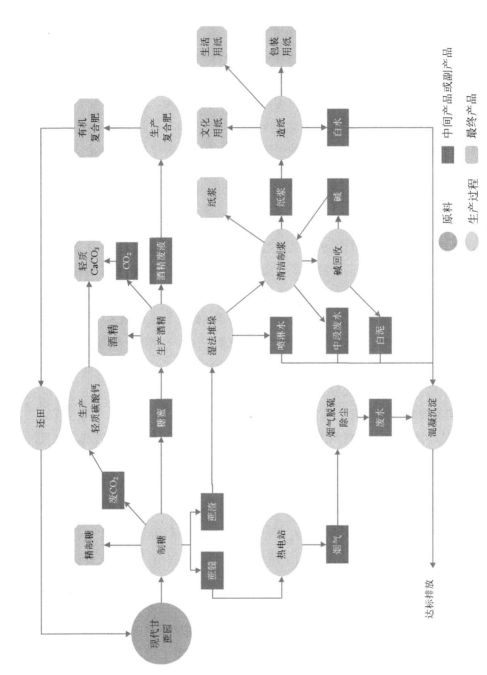

图 4-2 2001 年贵港国家生态工业（制糖）示范园区生态工业链

本项目中，对造纸系统中脉冲白水进行回收，经处理后回用到有关生产单元，是有效的清洁生产措施。

5. 滤泥、白泥、废渣综合利用和副产品生产

生态工业园区各单元过程产生的固体废物包括各种滤泥、白泥、废渣等。这些固体废物都能通过适当的工艺处理后进行利用，并可生产副产品。如制糖厂炼制车间产生的滤泥（经过堆存）和造纸制浆产生的白泥均可用于生产水泥，造纸制浆产生的白泥可用于生产轻质碳酸钙，传统碳酸法工艺设备改造产生的浮渣可送入酒精厂复混肥车间，热电厂锅炉产生的煤灰可用作污水处理的吸附剂，污水处理产生的煤灰和污泥均可用作蔗田肥料等。

6. 废水、废气的处理和排放

贵港国家生态工业（制糖）示范园区各单元过程产生的废水，主要为造纸中段废水和白水，这些废水可通过建设污水深度处理设施进行处理后回用或达标排放。

示范园区的废气主要来源于热电厂含硫含尘烟气、水泥厂和轻钙厂工业粉尘的排放。由于考虑了除尘和脱硫措施，大气污染物排放水平较低，不构成大的环境问题。

到 2015 年，贵港国家生态工业（制糖）示范园区通过甘蔗制糖循环经济产业链的探索和研究，不断优化产业生态链，贵糖集团已形成了甘蔗—制糖—废糖蜜酒精—酒精废液制复混肥，以及从甘蔗—制糖—蔗渣造纸—制浆黑液碱回收两条农产品深加工循环利用产业链，新增了以下网状生态工业链条：

1. 蔗渣喷淋水—沼气发生器—生活用纸

通过蔗渣喷淋水厌氧处理系统处理湿法备料场甘蔗渣喷淋水，每天产生大量低位发热值在 6 100 kcal/Nm^3 左右的沼气，产量在 500～1 600 Nm^3/h，全年平均达到 1 100 Nm^3/h，原来产生的沼气只用了约 200 Nm^3/h 供轻钙车间固钙干燥，剩余部分分别在两个大的火炬上直接燃烧放空，没有得到充分利用。而公司的生活纸厂纸机生产需要采购大量的液化石油气或天然气作为纸机高温气罩的热源，为了解决生活用纸厂高温气罩的燃料问题，提高企业的经济效益，贵糖集团实施了沼气代替天然气的项目，沼气提纯处理能力为 1 500 Nm^3/h。

2. 碱回收—白泥—烟气脱硫

改造热电厂 1$^\#$、2$^\#$、3$^\#$、4$^\#$炉烟气除尘脱硫器，应用稀释后的白泥作为热电 1$^\#$、2$^\#$、3$^\#$、4$^\#$炉烟气脱硫除尘器的脱硫除尘剂，利用白泥的残碱及 $CaCO_3$ 与烟气中的 SO_2 反应，除去烟气中的二氧化硫，达到以废治废的效果。

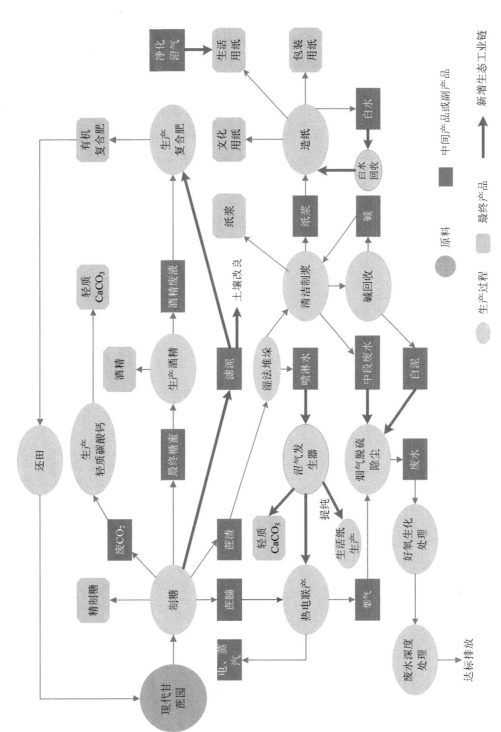

图 4-3　2015 年贵港国家生态工业（制糖）示范园区生态工业链

3. 其他技改项目

"十二五"期间贵糖集团最大的特点是将不断完善循环经济生产模式、环保达标排放项目和节能技改作为主体。"十二五"期间，贵糖集团共投入 8 000 多万元进行制浆造纸废水深度处理技术改造项目、制浆除臭系统建设、文化用纸厂纸机蒸汽冷凝水系统节能技改、制糖厂热能优化改造及高效节能设备改造、综合污水站节能减排改造工程、制浆蒸煮余热回收利用工程、制浆厂碱回收蒸汽系统节能技改热能优化利用等多个污染物减排工程项目及节能技改项目建设，每年投入环保项目运行费用在 2 000 万元以上。通过这些节能降耗项目的实施，贵糖集团 2015 年 COD 排放量为 468.845 t，比 2010 年削减了 3 146.695 t，超出了"十二五"期间 COD 削减量 1 229 t 的要求；2015 年 SO_2 排放量为 201.45 t，比 2010 年削减了 1 578.55 t，大大超出了"十二五"期间 SO_2 无削减量的要求。

第5章 制糖工业未来展望

5.1 制糖企业污染防治发展趋势

制糖工业是国民经济的基础行业，在满足人民生活保障方面意义重大，在很多地区脱贫攻坚中发挥了核心作用。经过多年的发展，我国无论是甘蔗制糖还是甜菜制糖，在清洁生产、末端治理、资源循环利用等方面都有长足进展。以广西为代表的甘蔗制糖污染防控技术及环境管理政策，为解决区域性污染问题发挥了重要作用，在节水减污降碳方面形成系统化、成套化技术。生态环境部 2019 年 1 月发布的《制糖工业污染防治可行技术指南》在推动制糖企业全过程污染防控中发挥了应有的指导作用，为企业落实排污许可证要求提供了技术支撑。

"十四五"时期是我国深入打好污染防治攻坚战的新时期，立足新发展阶段，贯彻新发展理念，构建新发展格局，国家提出了"提气、降碳、强生态，增水、固土、防风险"的总体工作思路。国家将通过"精准、科学、依法"治污，在减污降碳协同推进、持续提升水环境质量等方面加大攻坚力度。制糖行业在取得污染防治攻坚战阶段性成果的基础上，"十四五"污染防治工作要延伸深度、拓展广度，方向不变、力度不减，进一步强化源头治理、整体治理和系统治理，加快建设促进制糖行业绿色低碳发展的政策机制。

5.1.1 环境管理政策方面

我国甘蔗制糖主要分布在广西、云南、海南等地区，甜菜制糖主要在新疆、内蒙古等西北地区，各地区制糖工艺技术水平、管理水平差异较大，所在区域面临的生态环境问题也不同。近年来，制糖行业的生产工艺和污染治理技术快速进步，国家发布的《制糖工业水污染物排放标准》（GB 21909—2008）对于部分地区已经明显滞后，如广西的甘蔗制糖地方标准各项指标严于国家标准。广西在《制糖工业水污染物排放标准》（GB 21909—2008）的基础上，结合广西制糖行业实际情况发布了地方行业污染物排放标准《甘蔗制糖工业水污染物排放标准》（DB 45/893—2013），倒逼本地区的制糖企业转型升级，对整个行业起到了较好的带头作用。在标准强制作用下，广西壮族自治区制糖行业技术水平整体提升，对改善当地生态环境治理发挥了重要作用，为其他地区制糖行业转型升级提供了经验借鉴。除广西壮族自治区以外的其他地区，可参照广西制糖企业节水减排成果经验，根据自身的实际情况，在环境管理领域主动作为，加强地方标准和技术政策的制订，全面推动产业健康高质量发展。对于甜菜制糖，颗粒粕工段因烟气排放湿度大，污染物分析测试方法不成熟，需要加大相关研究，制定相应的监测方法，补足存在的监管空缺。

5.1.2 节水减污降碳方面

制糖行业水污染物排放量大，因其废水排放集中在水环境容量较小的冬春季，一直是水环境管理重点关注的行业。甘蔗制糖随原料输入的约有 80%是水分，现在最先进的制糖工艺已经实现近零新鲜水消耗，甘蔗制糖工艺消耗的水完全由甘蔗带入加工系统。进一步加强节水技术的推广应用，提高甘蔗制糖的水循环利用，提高冷却水循环利用率和处理后污水的循环，仍是甘蔗制糖企业节水减排的重要举措。企业应加大各工序能源和水资源消耗的监测，针对专项问题进行清洁生产审核，建立企业物质代谢、能源消耗、污染物指标产排平衡监控体系，提高自动化水平，借鉴先进企业的污染防控节水减污降碳经验，加大技术改造升级和管理能力建设。在水循环利用方面，以废水原位再生利用、物质回收利用为理念指导，加大废水中能源、肥源回收技术的研发力度，将废水作为新水源、新能源、新肥源的综合体来进行技术攻关，从系统思维重构产业水循环利用系统。

在减污降碳方面，通过装备的改造提高生产过程能源效率，加大废水中能源的回收。如贵糖集团将蔗渣喷淋的高浓度有机废水厌氧发酵，回收甲烷气体和热能等，这将是新时期制糖行业碳达峰、碳减排的重要举措。此外，生物质燃料是减少碳排放的一个重要途径。目前广西大部分企业均采用蔗髓作为燃料，回收废物中的热值。制糖企业需要离原料种植地较近，以降低运输成本，大部分企业未能进入当地工业园区或有部分工业园区还未能实现集中供热，很多企业都建有自备锅炉，增加了后续的治理成本。因此，需要加强对制糖行业的能源管理，结合当地城镇化和产业集聚化发展要求，推进工业园区集中供能，降低大气污染物的排放以及碳减排能力。

5.1.3 资源综合利用方面

从理论上来看，制糖行业的生态工业链网复杂且涉及多个行业，基本上每个环节产生的副产品或者废物均能进行资源综合利用，制糖业及其衍生的其他产业可以形成一个较为稳定的生态工业链网。随着新《中华人民共和国固体废物污染环境防治法》（2020年修订）的实施，加大对固体废物的管理力度和生产过程固体废物资源化的关键节点技术研发，如碳酸法生产过程中产生的白泥资源化技术，是固体废物资源化利用的重点。

目前对于白泥的综合利用的研究正在展开，中粮集团已经成功将滤泥用于电厂烟气脱硫工艺，技术成熟后可大幅度降低白泥的处理处置量。

近些年，甘蔗制糖的最终糖蜜主要用于酵母的生产，最终糖蜜在糖厂制酒精的企业越来越少。一方面提高了最终糖蜜的附加值，另一方面也降低了酒精醪液的处理处置难度。生产过程中各类固体废物的跨行业资源化利用，进一步提高了各类固体废物的潜在价值，实现物尽其用将成为新时期制糖行业废物资源化利用的重点。

5.1.4 环境管理能力方面

环境管理是一项专业性及综合性较强的工作，环境管理人才队伍必须要保障。企业需引进环保专业人才，提升企业的环境管理能力。在企业的规章制度方面，要将环境管理、污染物排放等相关内容提升到与安全、产品质量同等的高度，只有管理制度上重视污染防控能力，才能将主管部门相关的规章制度较好地落实。对于有条件的企业，可以委托第三方公司提供污染防控技术服务，通过专业团队的加入提高环境管理水平和能力。

清洁生产一直是我国污染预防的重要措施，制糖企业定期开展清洁生产审核可以不断保持先进性，有利于污染防控和效率提升。清洁生产审核是清洁生产的一种方法学工具。开展清洁生产审核可找出企业生产能耗高、物耗高、污染重的关键环节，并从原料、工艺、装备、管理、技术等多个方面分析问题产生的原因，从而提出切实可行的方案，并对这些问题予以解决。对于审核中发现的关键技术问题，企业应加大技术研发投入。只有采用更加绿色、高效的技术，才能从源头解决问题。例如，若从源头减少白泥的产生，将会大大减轻白泥后端处理处置或者综合利用的压力。

5.2 制糖工业集聚区生态化建设展望

贵港国家生态工业（制糖）示范园区是我国第一个国家级生态工业示范园区，在引领制糖行业生态化发展方面起到了引领示范作用，对广西乃至全国生态工业园区建设都具有示范作用。园区建设不仅在企业内部构建了物质流、能量流、信息流、价值流和技术流，并且在区域内实现经济与环境的融合，将蔗农—企业—政府利益相关方有机整合，发挥各方优势，实现效益最大化，风险最小化。在更高层面拓展了物质代谢和循环的空间和路径。经过 20 多年的实践，制糖行业生态工业实践为产业发展积累了丰富的经验，新时期行业污染防治技术应从更高层次、更大范围、更先进理念实现绿色、低碳、循环和高质量发展。

5.2.1 区域层面构建制糖工业生态化建设

制糖工业是我国传统的农工复合行业，其生态工业链涉及多个行业，因此制糖行业的生态化建设不仅仅局限于一个企业或者一个园区，应当从大区域层面通过物质流、能量流、信息流、价值流、技术流等方面构建制糖行业的生态工业链。整个行业应以价值流为动力，以物质流、能量流和信息流为依托，以技术流为突破，通盘统筹考虑以制糖工业为核心的产业链布局，考虑各个环节与当地产业相融合，发挥蔗农、企业、政府的各自优势，整合各方资源，实现分工协作，促进制糖行业在区域层面的布局以及地方产业结构的调整。区域层面生态化建设对地方政府的顶层设计和管理有着更高的要求，对于区域经济的转型升级、产业结构的关联度均有促进作用，这也是将来制糖行业生态工业链发展的大趋势。

5.2.2 建立健全制糖行业污染防治管理机制

制糖工业废水、固体废物、废气的综合整治，以及能源的梯级利用，在生态工业示范园区建设中通常需要依托外企业协同完成，这也是国内外生态工业园区建设的共同特征。产业链的形成，通过上下游之间的风险分担在一定程度上降低了产业的市场风险，但产业链所带来的物质代谢刚性也在一定程度上影响了上下游产业之间的灵活度。如果上游企业原料不能保证，下游企业也会因此没有物料来源，上游企业物料发生变化也会影响下游企业的生产。因此，在企业间建立全方位的信息沟通机制就显得非常重要。制糖行业产业链是以废物代谢为主，如果上下游产业都由一个企业来完成，协调机制较容易建立，但在产业链构建中很难实现，如甘蔗种植需要由蔗农来完成，水泥或发电由专业的公司运营效率会更高。特别是在当下产业分工和专业化水平越来越高的情况下，多企业协调的机制需要政府发挥宏观调控作用。产业链上各企业需要在政府统筹协调下，通过市场手段形成相对固定的产业链网，在区域层面创新管理机制。

5.2.3 大力发展制糖工业智能化

国内制糖业普遍存在劳动力密集、智能化程度低的状态，多数糖厂的生产过程还处于半自动化状态。"十四五"时期将是我国经济由高速增长向高质量发展转型的攻坚期，糖业将迎来生产自动化全面升级改造，实现制糖行业高质量发展。随着我国人力资本价格上涨，亟需通过产业自动化降低人工成本，提高市场竞争力。以 1 万 t/d 规模的制糖厂为例，传统糖厂至少需要 400 名工人，而自动化生产的同规模糖厂工人数量不到 100 人，年度人工成本可减少约 2 000 万元。糖厂自动化还可减少人为因素对生产的影响，在提高生产安全率及产糖率、减少过程损失、提高产品质量和降低能耗等方面都有重要作用。

　　在经济全球化的背景下，信息技术给制糖行业发展带来新的发展契机。制糖产业信息化发展是农业现代化与工业现代化发展的标志，也是进一步提高制糖产业核心竞争力和产业发展质量的根本途径。制糖产业作为一种横跨农业、工业、服务业的综合产业类型，具有产业链长、产业链主体成分多样复杂等特征。以制糖、造纸为核心产业的工业园区，企业间信息沟通有限，特别是上下游相关方之间对产品信息了解不够，导致产业运营管理效率低，信息获取成本高。利用"互联网+"、云计算等技术构建的云服务平台，能够通过现代信息技术为产业链条多主体提供丰富的个性化服务，通过高度集成的平台，为全产业链提供技术咨询、资金支持、信息共享等，进而在全面降低产业链运营成本的基础上，优化产业链信息、资金以及技术等的运转水平。随着互联网、云计算等技术与传统工农业领域的融合范围逐渐扩大，融合程度逐渐加深，基于"互联网+"、云计算等技术开发制糖产业的云服务平台，成为我国制糖产业与现代互联网技术融合的重要发展方向。

参考文献

[1] 巩天雷，张勇，赵领娣. 污染预防理论的界定及应用[J]. 管理现代化，2007（4）：6-8.

[2] 盛三化，李佐军. 工业污染预防技术进步的生态效应与经济效应测度与分析[J]. 统计与决策，2017
（3）：142-144.

[3] 胡学伟，宁平. 从摇篮到坟墓的污染预防：生命周期评价[J]. 云南环境科学，2003（S1）：39-41.

[4] 郑燕玲. 基于技术创新的生态文明建设研究[D]. 南昌：江西农业大学，2012.

[5] 冯晟林，孟飞. 浅析新形势下工业企业的环境管理措施[J]. 河南机电高等专科学校学报，2007（1）：
20-22.

[6] 刘爱华，胡伟，沈海波. 对复杂地形和低风条件下放射性核素大气扩散模拟对比研究[J]. 四川环境，
2017，36（S1）：153-158.

[7] 章福民. 论工业企业的环境管理措施[J]. 环境保护，1988（5）：9-11.

[8] 刘平，童亚莉，高佳佳，等. 中国大气污染防治技术评价应用体系与方法探析[J]. 环境污染与防治，
2020，42（8）：1049-1053.

[9] Stensvaag J M. Preventing significant deterioration under the Clean Air Act：the BACT requirement and
BACT definition[J].Environmental Law Reporter，2011，41（10）：10902-10920.

[10] USEPA. Guidance for determining BACT under PSD[EB/OL].[2019-05-01].https：//www.epa.gov/nsr/
guidance-determining-bact-under-psd.

[11] USEPA. Environmental technology verification program[R]. Washington，D.C.：USEPA，2000.

[12] Dijkmans R. Methodology for selection of best available techniques（BAT）at the sector level[J]. Journal
of Cleaner Production，2000，8（1）：11-21.

[13] Geldermann J，Nunge S，Avci N，et al.The reference installation approach for the techno-economic
assessment of emission abatement options and the determination of BAT according to the
IPPC-directive[J]. Journal of Cleaner Production，2004，12（4）：389-402.

[14] 王之晖，宋乾武，冯昊，等. 欧盟最佳可行技术（BAT）实施经验及其启示[J]. 环境工程技术学
报，2013，3（3）：266-271.

[15] 邓双，孙现伟，束韫，等. 燃煤电厂烟气一次 $PM_{2.5}$ 控制技术的综合评估[J]. 中国环境科学，2018，
38（3）：1157-1164.

[16] 于超，王书肖，郝吉明. 基于模糊评价方法的燃煤电厂氮氧化物控制技术评价[J]. 环境科学，2010，31（7）：1464-1469.

[17] 王海林，王俊慧，祝春蕾，等. 包装印刷行业挥发性有机物控制技术评估与筛选[J]. 环境科学，2014，35（7）：2503-2507.

[18] 张先恩. 科学技术评价理论与实践[M]. 北京：科学出版社，2008.

[19] Chubin D E. Grants peer review in theory and practice[J]. Evaluation Review，1994，18（1）：20-30.

[20] 龚旭. 美国国家科学委员会的决策职能及其实现途径[J]. 中国科学基金，2004，18（4）：245-248.

[21] Braun D. Lasting tensions in research policy-making：a delegation problem[J]. Science&Public Policy，2017，30（5）：309-321.

[22] 冯秀珍，张杰，张晓凌. 技术评估方法与实践[M]. 北京：知识产权出版社，2011.

[23] 高志永. 环境污染防治技术评估方法及技术经济费效分析研究[D]. 北京：中国地质大学（北京），2010.

[24] 李金林. 新时期大气污染防治技术和对策研究[J]. 资源节约与环保，2020（3）：145.

[25] 黄振中. 中国大气污染防治技术综述[J]. 世界科技研究与发展，2004（2）：30-35.

[26] 温珺琪. 中国大气污染防治技术综述[J]. 科技创新导报，2019，16（29）：106-107.

[27] 贺晟晨，李若芸. 工业园区水污染防治技术与管理政策需求分析[J]. 中国环保产业，2013（10）：61-65.

[28] 邹丹. 城市景观水体的污染防治技术研究[D]. 武汉：武汉科技大学，2008.

[29] 潘志彦，陈朝霞，王泉源，等. 制药业水污染防治技术研究进展[J]. 水处理技术，2004（2）：67-71.

[30] 汪利平，于秀玲. 清洁生产和末端治理的发展[J]. 中国人口·资源与环境，2010，20（S1）：428-431.

[31] 徐凌星，杨德伟，高雪莉，等. 工业园区循环经济关联与生态效率评价——以福建省蛟洋循环经济示范园区为例[J]. 生态学报，2019，39（12）：4328-4336.

[32] 甘现光. 贵港生态工业园区建设的实践与探索[A]. 中国环境科学学会. 中国环境保护优秀论文集（2005）（上册）[C]. 北京：中国环境科学学会，2005：4.

[33] 李荧. 基于产业生态学的工业园构建及其优化研究[D]. 徐州：中国矿业大学，2020.

[34] 韩峰. 生态工业园区工业代谢及共生网络结构解析[D]. 济南：山东大学，2017.

[35] 刘力，郑京淑. 产业生态研究与生态工业园开发模式初探[J]. 经济地理，2001（5）：620-623.

[36] 田金平，臧娜，许杨，等. 国家级经济技术开发区绿色发展指数研究[J]. 生态学报，2018，38（19）：7082-7092.

[37] 杨建新，王如松. 产业生态学的回顾与展望[J]. 应用生态学报，1998（5）：108-114.

[38] 李扬杰，罗胤晨，文传浩. 现代生态产业体系的业态划分及空间布局初探——以重庆市为例[J]. 重庆三峡学院学报，2020，36（4）：26-32.

[39] 王昶，孙桥，左绿水. 城市矿产研究的理论与方法探析[J]. 中国人口·资源与环境，2017，27（12）：117-125.

[40] 石磊，陈伟强. 中国产业生态学发展的回顾与展望[J]. 生态学报，2016，36（22）：7158-7167.

[41] 段宁，孙启宏，傅泽强，等. 我国制糖（甘蔗）生态工业模式及典型案例分析[J]. 环境科学研究，2004（4）：29-32，36.

[42] 田金平，刘巍，臧娜，等. 中国生态工业园区发展现状与展望[J]. 生态学报，2016，36（22）：7323-7334.

[43] 赖玢洁. 中国生态工业园区发展环境绩效指数研究[D]. 北京：清华大学，2013.

[44] 梁洪. 向传统产业高污染说"不"——生态工业贵港模式优化区域发展[J]. 环境保护，2009（24）：60-62.

[45] 梁贤慧，莫柳珍，骆荣贞. 糖厂压榨工段 DCS 系统应用现状及发展趋势[J]. 广西糖业，2021（2）：14-17.

[46] 田刚. "互联网+"云计算支持下糖业云服务平台研发与应用研究[J]. 甘蔗糖业，2021，50（2）：109-114.